国家骨干高职院校建设项目成果

电气自动化技术专业

自动化生产线安装与调试

主　编　杜丽萍
副主编　胡江川　孙福才
参　编　关　彤　王筱淞
主　审　雍丽英

机械工业出版社

本书是国家骨干高职院校哈尔滨职业技术学院重点建设项目电气自动化技术专业教材，应 CDIO 项目课程改革的需要而编写的，与企业共同研究开发，以自动供料机、自动分拣系统、装配生产线为教学项目，展开工程实践项目训练。本书将自动化生产线上所涉及的传感器技术、可编程序控制技术、电机与电气控制技术、气动与液压技术、工业机械手技术、计算机通信技术和触摸屏组态技术等内容融合为一体，进行基于工程项目的设计与运行，突出职业能力的培养。

本书项目内容来源于生产实际，采用了大量的图片，并配有项目设计过程中所需要的相关知识、工艺记录等。

本书既可作为高职高专院校的电气自动化技术、机电一体化技术、自动化生产设备应用等专业的教材，也可作为相关企业的培训教材以及工程项目技术人员的参考用书。

为方便教学，本书配有电子课件、模拟试卷及答案等，凡选用本书作为教材的学校，均可来电索取。咨询电话：010-88379375；电子邮箱：wangzongf@163.com。

图书在版编目（CIP）数据

自动化生产线安装与调试/杜丽萍主编. —北京：机械工业出版社，2015.8（2022.1 重印）

国家骨干高职院校建设项目成果　电气自动化技术专业

ISBN 978-7-111-50957-8

Ⅰ.①自…　Ⅱ.①杜…　Ⅲ.①自动生产线-安装-高等职业教育-教材②自动生产线-调试方法-高等职业教育-教材　Ⅳ.①TP278

中国版本图书馆 CIP 数据核字（2015）第 168533 号

机械工业出版社（北京市百万庄大街22号　邮政编码100037）
策划编辑：王宗锋　　责任编辑：王宗锋　张利萍　　版式设计：赵颖喆
责任校对：张玉琴　　封面设计：鞠　杨　　责任印制：邸　敏
三河市宏达印刷有限公司印刷
2022 年 1 月第 1 版第 9 次印刷
184mm×260mm · 12 印张 · 292 千字
标准书号：ISBN 978-7-111-50957-8
定价：36.00 元

电话服务　　　　　　　　　网络服务
客服电话：010-88361066　　机　工　官　网：www.cmpbook.com
　　　　　010-88379833　　机　工　官　博：weibo.com/cmp1952
　　　　　010-68326294　　金　书　网：www.golden-book.com
封底无防伪标均为盗版　　机工教育服务网：www.cmpedu.com

哈尔滨职业技术学院电气自动化技术专业教材编审委员会

主　任：王长文　哈尔滨职业技术学院院长
副主任：刘　敏　哈尔滨职业技术学院副院长
　　　　孙百鸣　哈尔滨职业技术学院教务处处长
　　　　雍丽英　哈尔滨职业技术学院电气工程学院院长
　　　　孙玉田　哈尔滨大电机研究所副所长
委　员：刘卫民　哈尔滨职业技术学院电气自动化技术专业带头人
　　　　王莉力　 哈尔滨职业技术学院教务处副处长
　　　　杜丽萍　哈尔滨职业技术学院电气工程学院教学总管
　　　　夏　暎　哈尔滨职业技术学院监测评定中心主任
　　　　王　雪　哈尔滨职业技术学院电气自动化技术专业教师
　　　　崔兴艳　哈尔滨职业技术学院电气自动化技术专业教师
　　　　戚本志　哈尔滨职业技术学院电气自动化技术专业教师
　　　　庞文燕　哈尔滨职业技术学院电气自动化技术专业教师
　　　　王天成　哈尔滨职业技术学院道路桥梁工程技术专业带头人
　　　　杨淼淼　哈尔滨职业技术学院焊接技术及自动化专业带头人
　　　　王卫平　杭州和利时自动化有限公司培训中心主任
　　　　唐雪飞　西门子（中国）自动化有限公司技术主管

专业教材编写说明

为更好地适应我国走新型工业化道路，实现经济发展方式转变、产业结构优化升级，建设人力资源强国发展战略的需要，国家教育部、财政部继续推进"国家示范性高等职业院校建设计划"实施工作，2010年开始遴选了100所左右国家骨干高职建设院校，创新办学体制机制，增强办学活力；以提高质量为核心，深化教育教学改革，优化专业结构，加强师资队伍建设，完善质量保障体系，提高人才培养质量和办学水平；深化内部管理运行机制改革，增强高职院校服务区域经济社会发展的能力。

哈尔滨职业技术学院于2010年11月被教育部、财政部确定为国家骨干高职院校建设单位，创新办学体制机制，在推进校企合作办学、合作育人、合作就业、合作发展的进程中，以专业建设为核心，以课程改革为抓手，以教学条件建设为支撑，全面提升办学水平。电气自动化技术专业及专业群是国家骨干高职院校央财支持的重点专业，本专业借鉴世界先进的CDIO工程教育理念，与哈尔滨电机厂有限责任公司、哈尔滨博实自动化股份有限公司等企业合作，创新"订单培养、德技并重"的人才培养模式。在人才培养的整个过程中，注重培养学生的职业道德、专业核心技术和岗位核心技能，使学生在掌握扎实的理论知识和熟练的岗位技能的同时，具备良好的人文素养和职业素质，高超的系统工程技术能力，尤其是项目的构思、设计、实现和运行能力，以及较强的自学能力、组织沟通能力和协调能力。本专业通过毕业生跟踪调查，确定专业职业岗位（群）。通过调研，深入分析专业岗位（群），提炼出本专业的职业岗位核心能力，明确岗位对毕业生的知识、能力、素质具体需求，形成电气自动化技术专业人才培养质量要求和《电气自动化技术专业岗位调研报告》。围绕电气自动化技术专业电气技术、工业控制器技术、自动化系统集成技术三个核心技术，注重培养学生具有良好的可持续发展能力，与CDIO工程理念对接，创新构建注重专业核心技术和岗位核心技能培养的项目导向课程体系，以"自动化生产线安装与调试""机床电气设备及升级改造""单片机控制技术""电机与变频器安装和维护""PLC控制系统的设计与应用""工业现场控制系统的设计与调试""供配电技术"7门核心课程改革为龙头带动专业核心课程建设。

CDIO工程教育理念是近年来国际工程教育改革的最新成果，它以产品研发到运行的生命周期为载体，让学生主动地学习工程理论、技术与经验。CDIO工程教育在高职院校开展得较少，适用于CDIO项目式课程教学的高职教材更少。本专业在试点班级实施核心课程改革，课程实行"做中学""学中做""教、学、做一体化"教学模式，根据课程教学目标及课程标准要求安排若干个三级项目。学生每3~4人构成团队，在项目实施过程中，学生以团队内合作、团队间协作加竞争的方式进行自主探究式学习，教师仅起到引导作用，促使学生完成构思、设计、实现和运行（CDIO）的全过程，每一组在项目完成后都要向全班做汇报，教师、学生要根据完成情况进行评价。本专业在核心课程改革试点总结的基础上，凝练课程改革成果，校企合作开发了《自动化生产线安装与调试》、《机床电气设备及升级改造》、《单片机控制技术》、《电机与变频器安装和维护》、《PLC控制系统的设计与应用》、

《工业现场控制系统的设计与调试》、《供配电技术》7部CDIO项目式系列教材。为了更好地满足CDIO项目式课程教学需要,本系列教材均以生产实际项目为典型案例进行编写。项目实施过程按照构思、设计、实现、运行(CDIO)4个基本环节进行,注重核心技术和岗位技能的培养,重点突出对学生职业技能的培养,使学生具有良好的人文素养、职业素质、就业能力以及具备可持续发展能力,满足社会与企业对高端技能型人才的需要,最大限度地实现学校与企业的零距离对接。

哈尔滨职业技术学院电气自动化技术教材编审委员会
2014年2月

前 言

本书是国家骨干高职院校哈尔滨职业技术学院重点建设项目电气自动化技术专业教材,以"以工程项目设计为导向,突出培养学生的学科综合应用能力"为原则编写。

本书的主要特色如下:

1) 根据电气自动化技术专业所必须具备的综合职业能力,按照"以能力为本位、以职业实践为主线,以实际工程项目为载体"的总体设计要求,以培养自动化生产线安装与调试所需要的技能和相关职业岗位能力为基本目标,采用 CDIO 工程教育理念编写,将知识、技能、素质的培养有机地融合在每个项目中。

2) 本书在编写过程中坚持将自动化生产线的核心知识点融入典型的项目中,打破了传统的气动与液压技术、电机与电气控制技术、传感器技术、可编程序控制技术、计算机通信技术课程体系,不以知识的系统性串联课程体系,而以完成工程项目为目标串联课程体系,并且以小组合作学习的方式在完成任务的过程中达到核心知识点与核心技能点的独立学习,培养自主学习能力。

3) 与企业专家共同设计并开发了教学项目,项目的选择具有典型性、实用性、职业性、开放性和可拓展性。

4) 利用本书,在教学过程中可采用项目驱动式教学模式。学生在完成项目的过程中通过构思、设计、实现、运行四部分完成项目。与本书配套的还有教学课件等教学资源。

本书共设计 3 个项目,分别为:自动供料机设计与运行、自动分拣系统设计与运行、装配生产线设计与运行。

本书由哈尔滨职业技术学院杜丽萍任主编。其中项目一由杜丽萍编写;项目二项目构思、项目设计由杜丽萍编写,项目二项目实现、项目运行及工程训练由孙福才编写;项目三项目构思、项目设计由胡江川编写,项目三项目实现由关彤编写,项目三项目运行由王筱淞编写,项目三工程训练由杜丽萍编写,附录由杜丽萍编写。全书由杜丽萍统稿,哈尔滨职业技术学院雍丽英主审。哈尔滨博实自动化股份有限公司总工办主任王筱淞在项目开发过程中给出了宝贵的建议,雍丽英教授在审阅中提出了很多好的建议,在此表示感谢。

本书在编写过程中,得到了中国亚龙科教集团张同苏总工程师的支持和帮助,得到了哈尔滨职业技术学院刘敏副院长、教务处孙百鸣处长、监测评定中心夏暎主任的关注和指点,在此表示衷心的感谢!

本书建议教学学时数为 90 学时,教学应在教学做一体化实训室完成,实训室应设有学习区、工作区及实训区,以提高学生的职业能力。

由于编者水平有限,书中难免有不当之处,真诚希望广大读者批评指正。

编 者

目　录

专业教材编写说明
前言
项目一　自动供料机设计与运行 ………………………………………………………… 1
　【项目构思】 …………………………………………………………………………… 1
　　一、自动线的认知 …………………………………………………………………… 3
　　　（一）自动机的通用结构 ………………………………………………………… 3
　　　（二）自动机的控制系统 ………………………………………………………… 4
　　　（三）自动线的定义、特点及应用 ……………………………………………… 5
　　　（四）自动线的组成及类型 ……………………………………………………… 5
　　　（五）自动线的控制系统 ………………………………………………………… 6
　　　（六）自动生产线实例 …………………………………………………………… 7
　　　（七）自动机的生产率分析 ……………………………………………………… 8
　　　（八）自动线的生产率分析 ……………………………………………………… 10
　　　（九）提高自动机与自动线生产率的途径 ……………………………………… 10
　　　（十）自动机与自动线的工艺方案选择 ………………………………………… 10
　　　（十一）几种典型生产线在轻工业生产中的应用 ……………………………… 13
　　二、自动供料机的结构 ……………………………………………………………… 14
　　三、自动供料机的气动控制系统 …………………………………………………… 15
　　　（一）气源装置 …………………………………………………………………… 15
　　　（二）空气净化处理装置 ………………………………………………………… 21
　　　（三）标准双作用直线气缸 ……………………………………………………… 22
　　　（四）单电控电磁换向阀、电磁阀组 …………………………………………… 23
　　四、传感器 …………………………………………………………………………… 25
　　　（一）磁性开关 …………………………………………………………………… 26
　　　（二）电感式接近开关 …………………………………………………………… 26
　　　（三）漫射式光电接近开关 ……………………………………………………… 27
　　　（四）接近开关的图形符号 ……………………………………………………… 29
　　五、常用低压电器元件 ……………………………………………………………… 29
　【项目设计】 …………………………………………………………………………… 30
　　一、自动供料机零部件结构测绘设计 ……………………………………………… 30
　　二、气动控制回路设计 ……………………………………………………………… 31
　　三、电气控制回路设计 ……………………………………………………………… 33
　　四、PLC 程序设计 …………………………………………………………………… 35
　【项目实现】 …………………………………………………………………………… 35

一、机械结构安装 ……………………………………………………………… 35
  二、气路连接和调试 …………………………………………………………… 38
  三、电气接线 …………………………………………………………………… 38
  四、自动供料机单站控制 ……………………………………………………… 38
【项目运行】 ……………………………………………………………………… 38
【工程训练】 ……………………………………………………………………… 40

项目二　自动分拣系统设计与运行 ……………………………………………… 43
【项目构思】 ……………………………………………………………………… 44
  一、自动分拣系统的结构和工作过程 ………………………………………… 45
   （一）传送和分拣机构 ……………………………………………………… 46
   （二）传动带驱动机构 ……………………………………………………… 46
  二、旋转编码器概述 …………………………………………………………… 46
  三、西门子 MM420 变频器简介 ……………………………………………… 48
   （一）MM420 变频器的安装和接线 ……………………………………… 49
   （二）MM420 变频器的 BOP 操作面板 …………………………………… 50
   （三）MM420 变频器的参数 ……………………………………………… 50
   （四）MM420 变频器的参数访问 ………………………………………… 53
   （五）常用参数设置举例 …………………………………………………… 54
【项目设计】 ……………………………………………………………………… 58
  一、自动分拣系统零部件结构测绘设计 ……………………………………… 58
  二、气动控制回路设计 ………………………………………………………… 58
  三、电气控制回路设计 ………………………………………………………… 59
  四、PLC 程序设计 ……………………………………………………………… 61
【项目实现】 ……………………………………………………………………… 62
  一、机械结构安装 ……………………………………………………………… 62
  二、气路连接和调试 …………………………………………………………… 63
  三、电气接线 …………………………………………………………………… 63
  四、自动分拣系统单站控制 …………………………………………………… 63
   （一）高速计数器的编程 …………………………………………………… 63
   （二）程序结构 ……………………………………………………………… 68
【项目运行】 ……………………………………………………………………… 68
【工程训练】 ……………………………………………………………………… 70
  一、测量不同组合工件的高度 ………………………………………………… 70
  二、S18UIA 超声波传感器在传送带上的安装 ……………………………… 71
  三、超声波传感器的接线 ……………………………………………………… 71
  四、用 S7-224XP PLC 作控制器 ……………………………………………… 72
   （一）工件高度测量方法简介 ……………………………………………… 72
   （二）编程思路 ……………………………………………………………… 72

项目三　装配生产线设计与运行 …………………………………………………… 75

【项目构思】 ·· 76
一、项目分析 ·· 76
二、项目实施条件 ·· 76
【项目设计】 ·· 77
一、装配生产线辅助装置输送机械手装置的设计 ·· 78
（一）了解输送装置的结构与工作过程 ·· 78
（二）认知伺服电动机及伺服驱动器 ·· 80
（三）松下 MINAS A5 系列 AC 伺服电动机驱动器 ·· 82
（四）S7-200 PLC 的脉冲输出功能及位控编程 ·· 87
（五）输送机械手安装 ·· 96
（六）编写和调试 PLC 控制程序 ·· 105
二、装配线工艺过程设计 ·· 108
【项目实现】 ·· 110
一、硬件实现 ·· 110
（一）元件的检查 ·· 112
（二）输送机械手装置侧的安装 ·· 112
（三）自动供料机装置侧的装配及定位安装 ·· 113
（四）自动冲压机装置侧的装配及定位安装 ·· 114
（五）组装机装置侧的装配及定位安装 ·· 116
（六）自动分拣系统装置侧的装配及定位安装 ·· 117
（七）装配生产线主气路连接 ·· 119
（八）装配生产线电源电路连接 ·· 121
二、软件实现 ·· 122
【项目运行】 ·· 138
一、手动工作模式测试运行 ·· 139
（一）自动供料机的手动工作模式测试 ·· 139
（二）自动冲压机的手动工作模式测试 ·· 139
（三）组装机的手动工作模式测试 ·· 139
（四）自动分拣系统手动工作模式测试 ·· 139
（五）输送机械手的手动工作模式测试 ·· 139
二、全线运行模式测试 ·· 140
（一）复位过程 ·· 140
（二）自动供料机的运行 ·· 140
（三）输送机械手运行 1 ·· 140
（四）自动冲压机运行 ·· 140
（五）输送机械手运行 2 ·· 140
（六）组装机运行 ·· 140
（七）输送机械手运行 3 ·· 141
（八）自动分拣系统运行 ·· 141

（九）停止指令的处理 …………………………………………………………… 141
　【工程训练】 ………………………………………………………………………… 148
附录 ………………………………………………………………………………………… 149
　　附录A　"自动化生产线安装与调试"训练题A ………………………………… 149
　　附录B　"自动化生产线安装与调试"训练题B ………………………………… 163
　　附录C　CDIO课程项目报告书 ………………………………………………… 177
参考文献 …………………………………………………………………………………… 179

项目一
自动供料机设计与运行

项目名称	自动供料机设计与运行	参考学时	24 学时
项目引入	项目来源于某日用品生产企业,要求为灌装线改进供料机构,将外包圆柱形瓶体推到传送带上,完成供料。随着机电一体化技术的不断发展,应用到轻工业的生产线的生产效率不断提高,企业为提高灌装线的生产效率不断改进原有设备。原有供料机构由人工摆放推送物料,浪费资源,需进一步改进。 该项目目前主要应用于装配生产线的供料机构、灌装线的包装供送等,从而能够对各类全自动生产线的供料机构进行工艺分析,完成生产线供料机构的安装与调试、维修。		
项目目标	通过项目的设计与实现掌握自动供料机的设计与实现方法,了解自动供料机的各项技术,掌握如何将机电类技术综合应用,掌握自动供料机构的故障诊断与排除方法。项目完成的过程中,实现以下目标: 1. 培养学生对机械及电器元件正确拆装的能力; 2. 正确测绘零件的能力; 3. 正确使用机械工具、测绘工具及电器仪表的能力; 4. 理解传感器技术应用原理及正确接线、调整的能力; 5. 理解气动元件工作原理及正确安装与调试的能力; 6. 使用 PLC 对自动供料机进行编程的能力; 7. 使用计算机处理技术文件的能力(包括 AutoCAD 绘图); 8. 正确设计电气控制回路图的能力; 9. 正确设计气动控制回路图的能力;正确解读技术文件的能力; 10. 正确查阅相关技术手册的能力。		
项目要求	完成自动供料机的设计与安装调试,项目具体要求如下: 1. 完成自动供料机零部件结构测绘设计; 2. 完成自动供料机气动控制回路的设计; 3. 完成自动供料机电气控制回路的设计; 4. 完成自动供料机的 PLC 控制程序设计; 5. 完成自动供料机的安装、调试运行; 6. 针对自动供料机在调试过程中出现的故障现象,正确对其进行维修。		
实施思路	根据本项目的项目要求,完成项目实施思路如下: 1. 机械结构设计及零部件测绘加工,时间 4 学时; 2. 气动控制回路的设计及元件选用,时间 6 学时; 3. 电气控制回路设计及传感器等元件选用,时间 2 学时; 4. PLC 控制程序编制,时间 8 学时; 5. 安装与调试,时间 4 学时。		

【项目构思】

本项目在实施过程中采用实操法、项目引导法、案例教学法、演示法、任务驱动教学法等教学方法。采用大量的工业自动供料机的视频让学生从感性认识过渡到理论知识的学习,到实际操作提高动手能力。

通过完成对自动供料机的构思、设计、运行、实现，能够使学生正确对机械及电器元件进行拆装，对非标零件进行测绘；完成常用传感器的接线及调整；完成气路和电路设计；用PLC对简单自动供料过程进行编程。

本项目在完成过程中，先让学生对自动供料机的工作过程和功能有一个初步的了解，然后根据项目工单要求，以及元件明细表，填写设计与运行工作计划表、项目材料清单。自动供料机设计与运行项目工单见表1-1；元件明细表见表1-2。

表1-1 自动供料机设计与运行项目工单

课程名称	自动化生产线安装与调试		总学时:90
项目一	自动供料机设计与运行		24
班级	团队负责人	团队成员	
相关资料及资源	1. 自动供料机机械零部件 2. 气动技术系列教材、常用气动元件使用手册 3. 传感器技术系列教材、常用传感器使用手册 4. S7-200 PLC原理及应用系列参考书 5. 自动化生产线系列教材 6. 导线、气管、扎带、网孔板等供学生使用 7. 螺钉旋具、尖嘴钳、万用表等电工常用工具 8. 工作服、安全帽、绝缘鞋等劳保用品，学生每人一套 9. 填写所需元件明细表		
项目成果	1. 完成自动供料机的设计与安装运行,实现自动供料机的控制要求 2. 完成CDIO项目报告 3. 填写评价表		

表1-2 元件明细表

序 号	名 称	型 号	数量/每套
1	电磁换向阀	二位五通电磁换向阀	2
2	光电传感器	CX-441（E3Z-L61）	2
3	光电传感器	MHT15-N2317	1
4	磁感应传感器	RL1-15/2	4
5	电感式传感器	电感式接近开关	1
6	磁性开关	磁感应传感器	4
7	双作用气缸	CDJ2B16X85	1
8	双作用气缸	CDJ2B16X30	1
9	接线端子排	二层和三层接线端子	2
10	控制按钮盒	控制盒	1
11	可编程序控制器	S7-200系列	1

1）学生通过观察自动装配生产线的供料机构运行情况及现代化的供料装置，搜集资料、小组讨论，制订完成自动供料机项目的工作计划，填写表1-3。

2）初步确定所需的气动元件、电气元件、工具和耗材等，并填写自动供料机所需材料清单（元器件、工具、耗材），填写表1-4。

表1-3 自动供料机的设计与运行工作计划表

序 号	内 容	计 划 时 间
1	机械及电器元件的安装	
2	非标零件的测绘	
3	传感器的选择及连接	
4	气动控制回路设计及安装	
5	电气控制回路的设计	
6	自动供料机工艺原理图设计	
7	PLC程序编制设计	
8	自动供料机的调试与运行	

表1-4 项目材料清单

序号	材料名称	规格及品牌	数量	功 能
1				
2				
3				
4				
5				
6				
7				
8				
9				
10				
11				

让我们首先了解下现代自动机械吧！

一、自动线的认知

（一）自动机的通用结构

以自动冲压机为例，分析自动机的通用结构。图1-1为自动冲压机的结构示意图。

自动冲压机由四个系统组成：

（1）驱动系统　驱动系统即自动机的动力源。如电力驱动、液压驱动、气压驱动等。

（2）传动系统　传动系统的功能是将动力和运动传递给各执行机构或辅助机构，以完成规定的工艺动作。图中带传动（带轮2、3）、两对齿轮传动（齿轮4、5、7、8）共同组成了本机的传动系统。

（3）执行机构　执行机构是实现自动化操作与辅助操作的系统。图中冲头11和推料装置15就是执行机构。

（4）控制系统　控制系统的功能是控制自动机的驱动系统、传动系统、执行机构等，将运动分配给各执行机构，使它们按时间、按顺序协调动作，由此实现自动机的工艺职能，完成自动化生产。自动机的基本组成框图如图1-2所示。

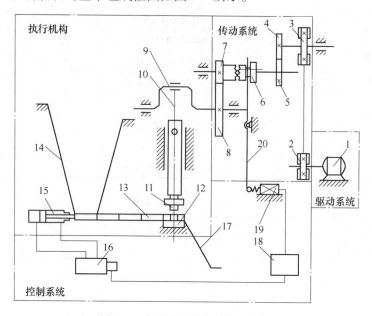

图1-1 自动冲压机的结构示意图

1—电动机 2、3—带轮 4、5、7、8—齿轮 6—离合器 9—曲轴 10—冲杆 11—冲头
12—下模 13—毛坯 14—料斗 15—推料装置 16—控制阀 17—落料板
18—控制装置 19—电磁铁 20—杠杆

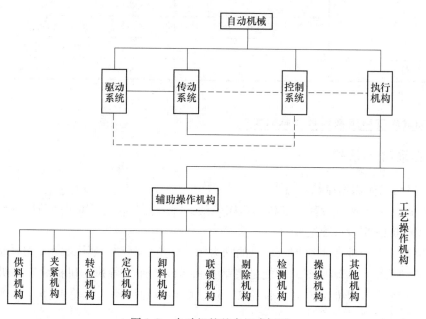

图1-2 自动机的基本组成框图

（二）自动机的控制系统

控制系统按动作顺序的控制可分为两类：时序控制系统和行程控制系统。

1. 时序控制系统

时序控制系统是指按时间先后顺序发出指令进行操纵的一种控制系统。

时序控制系统有以下优缺点：

（1）优点　能完成任意复杂的工作循环并调整正常后，各执行机构不会互相干涉，分配轴即使转动不均匀，也不会影响各动作的顺序；能保证在规定时间内，严格可靠地完成工作循环，故特别适合于高速自动机械。

（2）缺点　灵活性差；缺乏检查执行机构动作完成与否的装置，故不够安全。

2. 行程控制系统

行程控制系统是按一个动作运行到规定位置的行程信号来控制下一个动作的一种控制系统。

行程控制系统的优缺点如下：

（1）优点　按照"命令—回答—命令"的方式进行控制，因而安全可靠。

（2）缺点　动作持续时间较长，当第一个动作未全部完成时，第二个动作就不能开始，因而循环时间较长，不适合高速自动机械。

（三）自动线的定义、特点及应用

人们把按照产品加工工艺过程，用工件储存及传送装置把专用自动机以及辅助机械设备连接起来而形成的、具有独立控制装置的生产系统称作自动生产线，简称自动线或生产线。

自动线适宜于如下一些产品的生产：

1）定型、批量大、有一定生产周期的产品。

2）产品的结构便于传送、自动上下料、定位和夹紧、自动加工、装配和检测。

3）产品结构比较繁杂、加工工序多、工艺路线太长而使得所设计的自动机的子系统太多、结构太复杂、机体太庞大、难以操纵甚至无法保证产品的加工数量及质量。例如缝纫机机头壳体、减速器箱体、发动机箱体等。

4）以包装、装配工艺为主的生产过程。例如电池、牙膏类产品的生产；液体、固体物料的称重、填充、包装；汽车、摩托车、电视机组装等。

5）因加工方法、手段、环境等因素影响而不宜用自动机进行生产时，可设计成自动线，例如喷漆、清洗、焊接、烘干、热处理等。

通过对比分析可知，自动线相当于一台展开布置的或放大了的多工位自动机。

（四）自动线的组成及类型

自动线一般由4大类设备（装置、系统）组成：主要工艺设备；专用的自动机辅助工艺装置；剔除装置；分选装置等；物料储存、传送装置：如输送带等。

自动线的类型：有以下三种。

1. 直线型

直线型又可分成同步顺序组合、非同步顺序组合、分段非同步顺序组合和顺序—平行组合自动线。图1-3为顺序组合自动线，图1-4所示为顺序—平行组合自动线。

2. 曲线型

工件沿曲折线（如蛇形、之字形、直线与弧线组合等）传送，其他与直线型相同。

3. 封闭（或半封闭）环（或矩）形

矩形、环形自动线如图1-5所示。

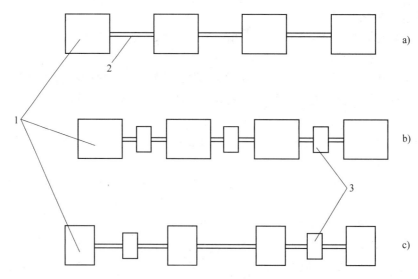

图 1-3 顺序组合自动线
1—自动机 2—传送装置 3—储存装置（储料器）

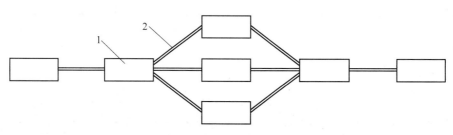

图 1-4 顺序—平行组合自动线
1—自动机 2—传送装置

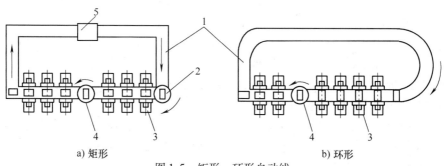

图 1-5 矩形、环形自动线
1—输送装置 2、4—转向装置 3—自动机 5—随行夹具

（五）自动线的控制系统

自动线是由控制系统操纵着自动线各组成部分的工艺动作顺序、持续时间、预警、故障诊断和自动维修等。自动线对控制系统有如下一些要求：

1) 满足自动线工作循环要求并尽可能简单。
2) 控制系统的构件要可靠耐用，安装正确，调整、维修方便。
3) 线路布置合理、安全，不能影响自动线整体效果和自动线工作。应在关键部位，对关键工艺参数（如压力、时间、行程等）设置检测装置，以便当发生偶然事故时，及时发讯、报警、局部或全部停车。

（六）自动生产线实例

【实例1】 立式框型返回式自动线。

如图1-6所示，该自动线由上下两层组成，下层为加工段，上层为返回输送段。工件3由下层左端上线，由下输送装置2依次传至各个自动机4进行加工，至下层右端时，由提升机6将工件送上上层，由上输送装置5再将工件返回送给降落机1，降落机将工件送出生产线。

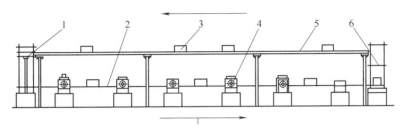

图1-6 立式框型返回式自动线
1—降落机 2—下输送装置 3—工件 4—自动机 5—上输送装置 6—提升机

【实例2】 苹果清洗生产线。

如图1-7所示，对苹果进行深加工前，一般要对其进行清洗、脱皮等预处理，这可组成一条生产线来完成。生产线从前向后依次分成前清洗、脱皮、后清洗和表面水烘干4段。苹果的输送采用辊式输送装置，输送辊2上套尼龙绳3，尼龙绳既保证前、后两辊间的传动，又承托苹果。通过辊以及尼龙绳的拨动、上方水流的冲动以及苹果彼此间的碰撞等作用，苹果翻滚着向前移动，喷淋水洗干净后落入盛果筐。盛果筐在盛液槽5内做上下往复直线运动，实现苹果在脱皮液中的浸泡和捞起。当盛果筐升起时，由拨果辊6将脱皮后的苹果依次推送到后清洗段，中和并冲洗掉脱皮化学液，再送入烘干段除苹果表面的水滴。

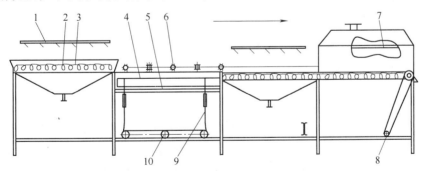

图1-7 苹果清洗生产线
1—水管架 2—输送辊 3—尼龙绳 4—盛果筐 5—盛液槽
6—拨果辊 7—加热板 8—电动机及减速器 9—撑杆 10—轮

【实例3】 包装自动线。

如图1-8所示，该包装自动线由称量机1、制袋机2、填料机3、封口机4、重量检测器5、自动选别机6、整形机7、金属物探测机8、传送带9等组成。用于各种粉粒料（如化肥、颗粒状化学品、粮食类）的自动制袋及包装。

该自动线工作时，成卷的塑料袋由制袋机 2 制成袋后送给填料机 3，物料经称量机 1 定量后由填料机 3 装入袋中，然后送到封口机 4 进行热压封口便成实包。实包被顺倒在传送带 9 上，经重量检测器 5 进行二次测量，不合格包被自动选别机 6 送到支道上处理。合格包经整形机 7 压辊整形后，再经过金属探测机 8 进行检测。通过这几项检测合格的包，经计数器计数后，由传送带送出，或者直接装车，或者由码垛机堆码放置。

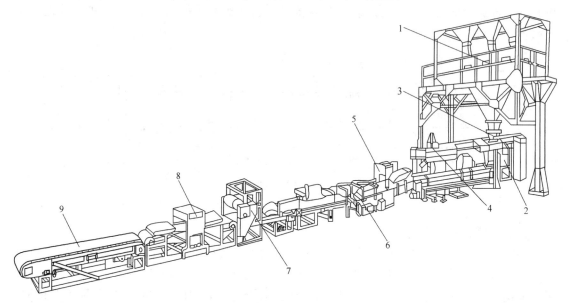

图 1-8　包装自动线
1—称量机　2—制袋机　3—填料机　4—封口机　5—重量检测器
6—自动选别机　7—整形机　8—金属物探测机　9—传送带

（七）自动机的生产率分析

生产率是自动机与自动线的重要技术指标。自动机与自动线的生产率的定义：单位时间内所能生产产品的数量。它的单位可以是件/min、kg/min、瓶/min 等。

自动机的生产率分为三种：

理论生产率：自动机在正常工作状态运转时，单位时间内所生产的产品数量称为理论生产率，常用 Q_T 表示。

实际生产率：考虑发生故障、检修或其他因素引起的停机时间之后而算出的单位时间内生产的产品数量，称为自动机的实际生产率，常用 Q_P 表示。

工艺生产率：假定加工对象在自动机上单位时间内的全部时间都连续接受加工，而没有空行程的损失，这时的生产率就称为自动机的工艺生产率，常用 K 表示。

按自动机械生产过程的连续与否，自动机械可分为间歇作用型和连续作用型两大类。

间歇作用型自动机的特点是，产品在自动机上的被加工、传送和处理等工作，是间歇周期地进行的。

1. 间歇作用型自动机（第Ⅰ类自动机）

1）间歇作用型自动机（如糖果包装机）的理论生产率为

$$Q_T = \frac{1}{t_P} = \frac{1}{t_k + t_f}(件/min) \tag{1-1}$$

式中 t_P——自动机的工作循环时间（即加工一个产品所需的时间）；

　　　t_k——工作循环内的工艺操作时间（简称基本工艺时间）；

　　　t_f——工作循环内的辅助操作时间（简称辅助操作时间）。

讨论：$t_k \downarrow$，$t_f \downarrow$，$Q_T \uparrow$，这就是自动机理论生产率的本质所在。当 $t_f \to 0$ 时，该自动机称为连续作用型自动机。自动机的实际生产率总是低于自动机的理论生产率。

2）间歇作用型自动机的实际生产率表示为

$$Q_P = \frac{1}{t_k + t_f + t_n}(件/min) \tag{1-2}$$

式中 t_n——停机时间损失，实际生产中 t_n 总是大于零的，所以 Q_P 总是小于 Q_T。

2. 连续作用型自动机（第Ⅱ类自动机）

转盘式多工位连续作用型自动机称为连续作用型自动机，其理论生产率可表示为

$$Q_T = \frac{1}{t_P} = \frac{1}{\frac{1}{n_P N}} = n_P N(件/min) \tag{1-3}$$

式中 n_P——自动机转盘的转速（r/min）；

　　　N——转盘上产品工位数。

式（1-3）是计算第Ⅱ类自动机理论生产率的公式。

在灌装角 α 选定的情况下，转盘的转速 n_P 为

$$n_P \leq \frac{\alpha}{360° t_k} \ (r/min) \tag{1-4}$$

式中 t_k——液体由灌装间流满瓶内所需的灌装工艺时间（min），它与液体的黏度、压力、灌装阀的结构等因素有关。

【例1】　广东健力宝集团的易拉罐生产线，其灌装机的灌装速度为2000罐/min，转盘工位数为164头，灌装角 α 为280°。该灌装机的转速应为每分钟多少转？每灌一罐所需的工艺时间为多少秒？

解：$n_P = \dfrac{Q_T}{N} = \dfrac{2000}{164} r/min \approx 12.2 r/min$

又由 $n_P \leq \dfrac{\alpha}{360° t_k}$，得

$$t_k \leq \frac{\alpha}{360° n_P} = \frac{280°}{360° \times 12.2} min \approx 0.06375 min = 3.83 s$$

连续作用型自动机的实际生产率 Q_P 可表示为

$$Q_P = \varepsilon Q_T(件/min) \tag{1-5}$$

式中 ε——连续作用型自动机的停顿（或停机）系数（$\varepsilon < 1$）。

例如：理论生产率为2000罐/min 的易拉罐灌装机，若每小时因故障等原因停机6min（即循环外的时间损失为6min），则停机系数为0.9，该机的实际生产率 Q_P 应为1800罐/min。

（八）自动线的生产率分析

1. 同步（刚性）自动线的生产率

$$Q_{Pq} = \frac{1}{t_k + t_f + qt_n} \text{（件/min）} \quad (1\text{-}6)$$

由式（1-6）可知，当每台单机循环外的时间损失 t_n 一定时，自动线的单机台数越多，即 q 越大，整条自动线的生产率 Q_{Pq} 就越低。所以，在实际生产中，组成自动线的单机台数不宜太多。

2. 非同步（柔性）自动线的生产率

因有中间贮料器，故非同步自动线的生产率和单台自动机的实际生产率相同，即

$$Q_{Ps} = \frac{1}{t_k + t_f + t_n} \text{（件/min）} \quad (1\text{-}7)$$

若有 p 条这种自动线平行组合起来，其生产率将提高到 p 倍，即

$$Q_{Psp} = \frac{p}{t_k + t_f + t_n} \text{（件/min）} \quad (1\text{-}8)$$

3. 连续作用型自动生产线的生产率

由 q 台具有 N 头的转盘式自动机组成的自动线，其生产率公式可表示为

$$Q_{Prq} = \frac{1}{\frac{1}{n_p N} + qt_n} \text{（件/min）} \quad (1\text{-}9)$$

式中　n_p——转盘转速。

（九）提高自动机与自动线生产率的途径

1. 减少循环内的空程和辅助操作时间 t_f

自动机中各工作机构的辅助操作时间占有一定比重，在设计工艺方案时，应力求 t_f 与基本工艺时间 t_k 完全或部分重合。不能重合的运动，在保证基本工艺要求条件下，尽量提高其工作速度，或采取快退慢进的运动机构。

2. 减少基本工艺时间 t_k

影响生产率的最直接的因素是 t_k。只有从采用先进的新工艺着手，才能提高工艺速度，减少工艺时间。

3. 减少循环外的停机时间损失 t_n

为了减少循环外的停机时间损失，可从以下几方面入手。

1）提高刀具或模具的寿命，正确选择其材料、表面处理方法、结构和几何参数，制定合理的加工参数等。减少更换和调整工具的时间。

2）减少机械设备的调整时间。

3）尽量采用能满足自动操纵和联锁保护的电气设备控制系统，减少停机时间和次数。

4）加强检修和维护保养工作；避免额外地延长自动机或自动线的停机时间。

（十）自动机与自动线的工艺方案选择

工艺方案：产品生产工艺过程形式或种类。工艺方案选择得是否合理，将直接影响到自动机或自动线的生产率、产品质量、机器的运动与结构原理、机器工作的可靠性以及机器的技术经济指标。工艺方案选定之后，要绘制出工艺原理图（或称工艺流程图）。工艺原理图是设计自动机的运动系统和结构布局的基础。通常在工艺原理图上应体现以下一些内容：产

品的大概特征与组成；从工件到成品（或半成品）的具体工艺方法、工艺过程；工件的运动路线、加工工艺路线；工艺顺序和工位数、工艺操作与辅助操作的顺序和数量；工件在各工位上所要达到的加工状态及要求；执行机构（刀具或工具）与工件的相互位置。

图 1-9 为链条装配工艺原理图。工艺过程共分成 6 步（工位），采用直线型工艺路线。首先把一个内片送上工位Ⅰ，在此工位将两个套筒同步由上向下压入内片内孔；进入工位Ⅱ，将两个滚子套在套筒上；在工位Ⅲ，压套上另一个内片；在工位Ⅳ，将两节由内片、套筒、滚子组成的链节对正，由下向上送一个外片，由上向下将两个销轴穿过套筒内孔而压入外片内孔；在工位Ⅴ，将另一个外片压套在销轴上；在工位Ⅵ，用 4 个冲头同步将销轴 2 个外片铆接，依次顺序连续自动完成装配任务。由图可知：一节链条是由 2 个销轴、2 个套筒、2 个滚子、2 个内片、2 个外片共 10 个零件组成的。还可以知道以下内容：工艺过程的工位数目；在各工位装入零件的名称、数量、位置；装配的工艺方法、方式；工具的动作情况及要求；工艺路线、工件的传送方向等。

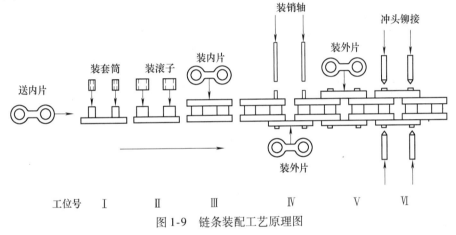

图 1-9　链条装配工艺原理图

图 1-10 为化妆品自动灌装工艺原理。工艺过程共分成 10 步（工位），采用双回转加直

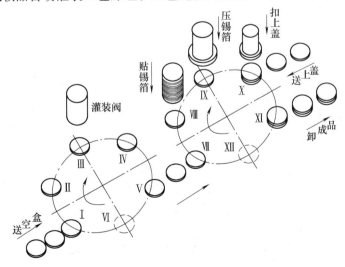

图 1-10　化妆品自动灌装工艺原理图

线型工艺路线。送空盒到工位Ⅰ，沿圆弧转位到工位Ⅱ；转到工位Ⅲ进行灌装；转位到工位Ⅳ、工位Ⅴ，再沿直线到工位Ⅶ；沿圆弧转位到工位Ⅷ贴锡箔；工位Ⅸ压锡箔；在工位Ⅹ将送来的上盖扣在盒上；工位Ⅺ处卸成品。图中的工位Ⅵ、工位Ⅶ为无用工位，这是由转位机构造成的。该工艺原理图还大体展现出自动灌装机的总体布局和运动特征等。

图1-11为压缩饼干包装工艺原理图。工艺过程共分为6步（工位），采用直线型工艺路线。在工位Ⅰ橡胶纸卷筒1送下定长度的纸，送料机构4将饼干（已装料）向右推送的同时，旋转切纸刀切断纸；在工位Ⅱ、Ⅲ、Ⅳ、Ⅴ、Ⅵ，折边器3等依次进行折边包裹。图中还示出了各个执行机构（或工具）的工作原理及结构形式。

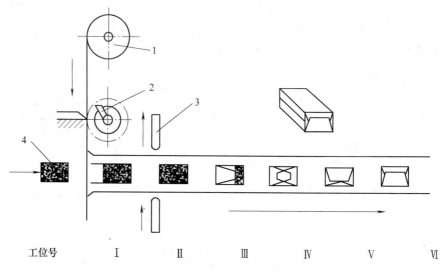

图1-11 压缩饼干包装工艺原理图
1— 橡胶纸卷筒 2—切纸刀 3—折边器 4—送料机构

图1-12为糖果包装机的工艺流程与操作原理图。它是按照工艺流程和操作顺序绘制的。由图中可知，该糖果包装机有11个工位，多数工位上都集中实现几个动作，如在工位6上，既有糖钳闭合动作，又有前后冲头返回动作。

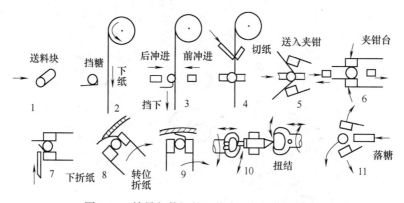

图1-12 糖果包装机的工艺流程与操作原理图

自动线的工艺原理图是按照工艺流程绘出各单机所完成的工作，排列起来即成为自动线的工艺原理图。图1-13为装箱自动线的工艺原理图，它示出了小盒排列、装箱、封箱、贴封条、堆垛的各单机所完成的操作。

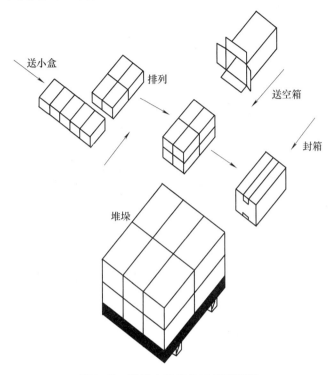

图1-13 装箱自动线的工艺原理图

(十一) 几种典型生产线在轻工业生产中的应用

1. 某日化厂自动灌装生产线

图1-14为某日化厂自动灌装生产线，主要完成了上料、灌装、封口、检测、贴标、包装、码垛等几个生产过程，实现大规模生产的要求。

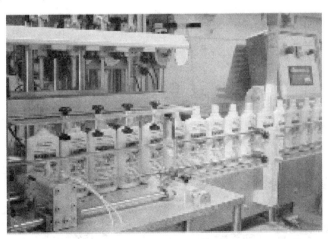

图1-14 某日化厂自动灌装生产线

2. 某包装厂粉粒包装码垛生产线

图1-15为某包装厂粉粒包装码垛生产线，主要完成了自动供料、自动装袋、自动供袋、

自动检测、自动码垛等生产包装过程自动化，采用网络通信监控、数据管理实现控制与管理。

图 1-15　某包装厂粉粒包装码垛生产线

 自动供料机应用到哪些技术呢？

二、自动供料机的结构

自动供料机的主要结构组成为：工件装料管、工件推出装置、支撑架、阀组、端子排组件、PLC、急停按钮和启动/停止按钮、走线槽、底板等。其中，自动供料机机械部分结构组成如图 1-16 所示。

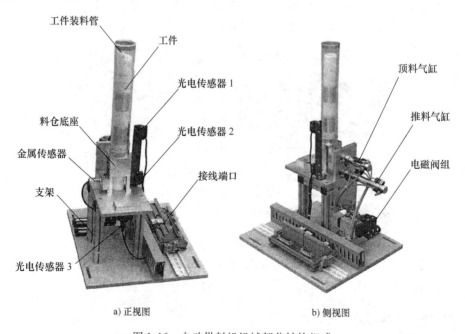

a) 正视图　　　　　　　　　　b) 侧视图

图 1-16　自动供料机机械部分结构组成

其中，管形料仓和工件推出装置用于储存工件原料，并在需要时将料仓中最下层的工件推出到出料台上。它主要由管形料仓、推料气缸、顶料气缸、磁感应接近开关、漫射式光电传感器组成。

自动供料机工作过程：工件垂直叠放在料仓中，推料缸处于料仓的底层并且其活塞杆可从料仓的底部通过。当活塞杆在退回位置时，它与最下层工件处于同一水平位置，而夹紧气缸则与次下层工件处于同一水平位置。在需要将工件推出到物料台上时，首先使夹紧气缸的活塞杆推出，压住次下层工件；然后使推料气缸活塞杆推出，从而把最下层工件推到物料台上。在推料气缸返回并从料仓底部抽出后，再使夹紧气缸返回，松开次下层工件。这样，料仓中的工件在重力作用下，就自动向下移动一个工件，为下一次推出工件做好准备。在底座和管形料仓第4层工件位置，分别安装一个漫射式光电接近开关。它们的功能是检测料仓中有无储料或储料是否足够。若该部分机构内没有工件，则处于底层和第4层位置的两个漫射式光电接近开关均处于常态；若仅在底层起有3个工件，则底层处光电接近开关动作而第4层的光电接近开关处于常态，表明工件已经快用完了。这样，料仓中有无储料或储料是否足够，就可用这两个光电接近开关的信号状态反映出来。推料缸把工件推出到出料台上。出料台面开有小孔，出料台下面设有一个圆柱形漫射式光电接近开关，工作时向上发出光线，从而透过小孔检测是否有工件存在，以便向系统提供本站出料台有无工件的信号。在输送站的控制程序中，就可以利用该信号状态来判断是否需要驱动机械手装置来抓取此工件。

三、自动供料机的气动控制系统

让我们思考下气动系统的基本组成吧！

气动系统的基本组成部分：压缩空气的产生（气源装置）、压缩空气的传输、压缩空气的消耗（工作机）。

（一）气源装置

气动系统是以压缩空气作为工作介质的。气源装置是为气动设备提供满足要求的压缩空气动力源，由气压发生装置、压缩空气的净化处理装置和传输管路组成。典型的气源装置如图1-17所示。

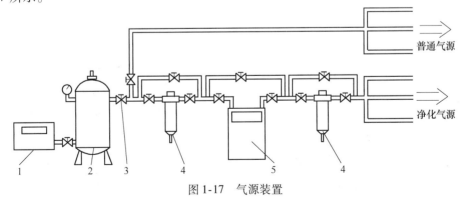

图1-17 气源装置
1—空气压缩机 2—储气罐 3—阀门 4—主管路过滤器 5—干燥器

1. 空气压缩机

空气压缩机简称空压机，是气压发生装置。空气压缩机将原动机的机械能转化为压缩空气的压力能。

(1) 空气压缩机的类型

1) 按工作原理进行分类。

容积式空气压缩机：气体压力的提高是由于空气压缩机内部的工作容积被缩小，使单位体积内气体分子的密度增加而形成的，容积式空气压缩机根据结构的不同又可分为活塞式、膜片式和螺杆式。

速度式空气压缩机：气体压力的提高是由于气体分子在高速流动时突然受阻而停滞下来，使动能转化为压力能而形成的，速度式空气压缩机根据结构的不同又可分为离心式和轴流式。

2) 按输出压力进行分类。

低压空气压缩机：输出压力在 0.2~1.0MPa 范围内；

中压空气压缩机：输出压力在 1.0~10MPa 范围内；

高压空气压缩机：输出压力在 10~100MPa 范围内。

3) 按输出流量进行分类。

微型空气压缩机：输出流量小于 $1m^3/min$；

小型空气压缩机：输出流量在 $1~10m^3/min$ 范围内；

中型空气压缩机：输出流量在 $10~100m^3/min$ 范围内；

大型空气压缩机：输出流量大于 $100m^3/min$。

(2) 空气压缩机的工作原理

1) 活塞式空气压缩机的工作原理。

活塞式空气压缩机的工作原理如图 1-18 所示：活塞和连杆是固定连接在一起的，气缸上开有进气阀和排气阀。当连杆在外力作用下向外伸出时，活塞也向下移动，使气缸内体积增加，压力小于大气压，这时排气阀在内外压差的作用下被封死，同时进气阀在此压差的作用下自动打开，空气便从进气阀进入气缸。当连杆在外力的作用下向内退回时，活塞也向上移动，使气缸内体积减小，压力大于大气压，这时进气阀在内外压差的作用下被封死，同时排气阀在此压差的作用下自动打开，将压缩空气排入储气罐。

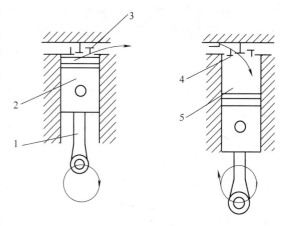

图 1-18 活塞式空气压缩机的工作原理
1—杆 2—活塞 3—排气阀 4—进气阀 5—气缸

连杆连续的伸出和退回动作可以带动活塞上下往复运动，从而能不断产生压缩空气。连杆及活塞的往复运动可以由电动机带动的曲柄滑块机构来完成。这种类型的空气压缩机只有一个过程就将吸入的大气压空气压缩到所需要的压力，因此称之为单级活塞式空气压缩机。

单级活塞式空气压缩机通常用于需要 0.3~0.7MPa 压力范围的气动系统，若空气压力超过 0.7MPa，空气压缩机内将产生大量的热量，从而使空气压缩机的效率大大地降低。因此当输出压力较高时，应采用多级压缩。多级压缩可降低排气温度、提高效率，并增加排气量。

工业中使用的活塞式空气压缩机通常是两级压缩的。图 1-19 所示为两级活塞式空气压缩机。经 I 级压缩后的热空气通过冷却器后温度被大大地降低，从而提高了效率，降温后的压缩空气再经 II 级压缩后达到最终的压力。

活塞式空气压缩机通常都和储气罐连在一起，图 1-20 为活塞式空气压缩机的外观。

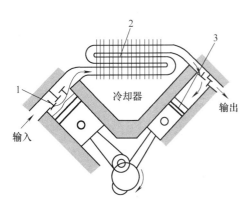

图 1-19 两级活塞式空气压缩机

1—I 级压缩 2—中间冷却器 3—II 级压缩

图 1-20 活塞式空气压缩机的外观

2）叶片式空气压缩机的工作原理。

叶片式空气压缩机的工作原理如图 1-21 所示。把转子偏心安装在定子内，叶片插在转子的放射状槽内滑动。叶片、转子和定子内表面构成的容积空间在转子回转（图中转子顺时针回转）过程中逐渐变小，由此从进气孔吸入的空气就逐渐被压缩排出。这样，在回转过程中不需要活塞式空气压缩机中有吸气阀和排气阀。在转子的每一次回转中，将根据叶片的数目多次进行吸气、压缩和排气，所以输出压力的脉动较少。

通常情况下，叶片式空气压缩机需使用润滑油对叶片、转子和机体内部进行润滑、冷却和密封，

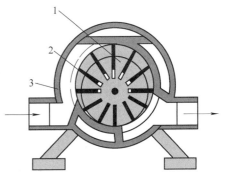

图 1-21 叶片式空气压缩机的工作原理

1—转子 2—叶片 3—定子

所以排出的压缩空气中含有大量的油分，因此在排气口需要安装油气分离器和冷却器，以便把油分从压缩空气中分离出来，进行冷却，并循环使用。

通常所说的无油空气压缩机是指用石墨或有机合成材料等自润滑材料作为叶片材料的空气压缩机，运转时无需添加任何润滑油，压缩空气不被污染，满足了无油化的要求。

此外，在进气口设置空气流量调节阀，根据排出气体压力的变化自动调节流量，使输出压力保持恒定。

叶片式空气压缩机的优点是能连续排出脉动小的额定压力的压缩空气，所以，一般无需设置储气罐，并且其结构简单，制造容易，操作维修简便，运转噪声小；其缺点是叶片、转

子和机体之间机械摩擦较大,易产生较高的能量损失,因而效率也较低。

3)螺杆式空气压缩机的工作原理。

螺杆式空气压缩机的工作原理如图1-22所示。两个啮合的凸凹面螺旋转子以相反的方向运动。两根转子及壳体三者围成的空间,在转子回转过程中没有轴向移动,其容积逐渐减小。这样,从进气口吸入的空气逐渐被压缩,并从出口排出。当转子旋转时,两转子之间及其转子与机体之间均有间隙存在。由于其进气、压缩和排气等行程均由转子旋转产生,因此输出压力脉动小,可不设置储气罐。由于其工作过程中需要进行冷却、润滑及密封,所以在其出口要设置油水分离器。

螺杆式空气压缩机的优点是排气脉动小,输出流量大,无需设置储气罐,结构中无易损件,寿命长,效率高。缺点是制造精度要求高,运转时噪声大。由于结构刚度的限制,螺杆式空气压缩机只适合中低压范围使用。

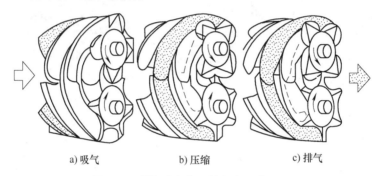

a) 吸气　　　　　b) 压缩　　　　　c) 排气

图1-22　螺杆式空气压缩机的工作原理

(3) 空气压缩机的选用　选择空气压缩机时必须确定空气压缩机的两个主要参数:输出压力 p_c 和供气量 q_c。

1)输出压力的确定。

输出压力的大小要满足气动系统的最高工作压力的要求,同时要考虑系统中的压力损失。即

$$p_c = p + \sum \Delta p \tag{1-10}$$

式中　p——气动系统的最高工作压力,一般气动系统的工作压力为 $0.4 \sim 0.8 \text{MPa}$;

$\sum \Delta p$——气动系统中总的压力损失。

2)供气量的确定。

供气量的大小要满足气动系统中所有用气设备所需的耗气量,同时要考虑可能会增加新的气动装置所需的耗气量,为保证一定的裕度,可加一系数。即

$$q_c = kq \tag{1-11}$$

式中　q——气动系统的最大耗气量;

k——修正系数,一般为 $1.3 \sim 1.5$。

2. 后冷却器

空气压缩机输出的压缩空气温度高达 $120 \sim 170\text{℃}$,在这样的高温下,空气中的水分完全呈气态,如果进入到气动元件中,会腐蚀元件,因此必须将其清除。后冷却器的作用就是将空气压缩机出口的高温压缩空气冷却到 $40 \sim 50\text{℃}$,将大量水蒸气和变质油雾冷凝成液态

水滴和油滴，以便将其清除。后冷却器有风冷式和水冷式两类。

风冷式后冷却器如图1-23所示，它是靠风扇加速空气流动，将热空气管道中的热量带走，从而降低压缩空气的温度。与水冷式相比，它不需要循环冷却水，占地面积小，使用及维护方便，但经风冷后的压缩空气出口温度比环境温度高15℃左右，且处理气量少。

水冷式后冷却器如图1-24所示，它是通过强迫冷却水沿着压缩空气流动方向的反方向流动来进行冷却的，与风冷式相比，它散热面积大，热交换均匀，经水冷后的压缩空气出口温度比环境温度高10℃左右。

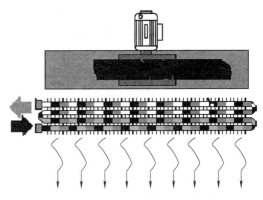

图1-23 风冷式后冷却器

在后冷却器的最低处应设置手动或自动排水器，以排除冷凝水和油滴。

3. 储气罐

储气罐的作用如下：

1）储存一定量的压缩空气，可在停电时维持短时间内供气。
2）短时间内消耗大气量时可作为补充气源使用。
3）消除系统的压力脉动，使供气平稳。
4）可降低空气压缩机的启动、停止频率。
5）通过自然冷却进一步分离压缩空气中的水分和油分。

储气罐的容积V_c按空气压缩机功率而定。储气罐一般为圆筒形焊接结构，有立式和卧式两种，立式储气罐结构如图1-25所示。

储气罐属压力容器，应遵守压力容器的有关规定。

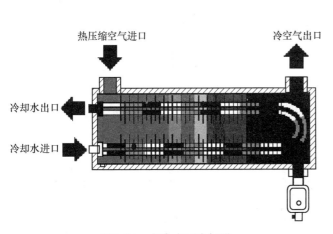

图1-24 水冷式后冷却器

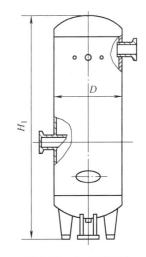

图1-25 立式储气罐

4. 管路系统

将压缩空气从空气压缩机输送到气动设备都是通过管路完成的。

(1) 管路系统分类　按照所属区域可分为三类：

1) 压缩空气站内的气源管路。

2) 室外厂区管路。

3) 车间内管路。

(2) 管路布置要求　设计布置管路时，主要考虑以下几个方面的要求：

1) 必须满足压力和流量的要求。

2) 必须保证空气干燥净化的质量要求。

3) 必须满足供气可靠性的要求。

一般对进入气动之前的管路称为主干管路，多为金属管，装置内的管路多为塑料或尼龙软管，从主管路到气动装置的管路为支管路。

(3) 管路布置形式　主要有以下三种形式：

1) 单树枝管网。如图 1-26 所示，此供气系统简单，经济性好，适合于间断供气的工厂或车间采用。但该系统中的阀门等附件容易损坏，尤其开关频繁的阀门更易损坏。图中两个串联阀门的作用是为了克服这一缺点所采取的措施，其中一个用于经常动作，另一个正常使用时始终处于开启状态，当经常动作的阀门需要更换检修时，另一阀门才关闭，使之与系统切断，不致影响整个系统。

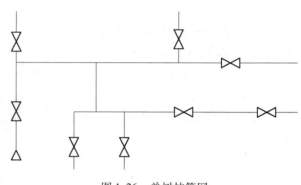

图 1-26　单树枝管网

2) 环状管网。如图 1-27 所示，这种系统供气可靠性比单树枝状管网高，而且压力较稳定，末端压力损失较小，当支管上有一个阀门损坏需要检修时，可将环形管道上两侧的阀门关闭，以保证更换、维修支管上的阀门时整个系统能正常工作。但此系统成本较高，经济性不好。

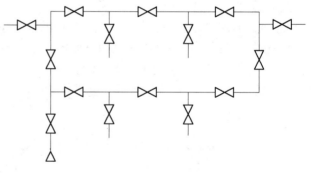

图 1-27　环状管网

3) 双树枝状管网。如图 1-28 所示，系统能保证对所有的用户不间断供气。正常状态下，两套管网同时工作。这种双树枝状管网供气系统实际上是有一套备用系统，相当于两套单树枝状管网供气系统，

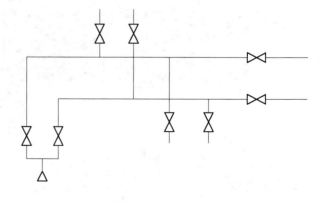

图 1-28　双树枝状管网

适用于不允许停止供气等特殊的用户。

（二）空气净化处理装置

空气净化处理装置包括过滤器、干燥器及油雾器。

1. 过滤器

过滤器的作用是滤除压缩空气中的杂质、液态水滴、油滴。

过滤器与减压阀、油雾器一起称为气动三联件，通常为无管化、模块化、组合式元件，是气动系统中不可缺少的辅助装置。普通过滤器结构如图1-29所示，当压缩空气从输入口进入后，被引入导流片1，导流片上有许多成一定角度的缺口，迫使空气沿切线方向旋转，空气中的冷凝水、油滴、灰尘等杂质受离心力作用被甩到滤杯2内壁上，并流到底部沉积起来。然后，气体通过滤芯4进一步清除其中的固态粒子，洁净的空气便从输出口输出。挡水板3的作用是防止积存的冷凝水再混入气流中。为保证过滤器正常工作，必须及时将积存于滤杯中的污水等杂质通过排水阀排放掉，可采用手动或自动排水阀来及时排放。自动排水阀多采用浮子式，其原理是当积水到一定高度时，浮子上升，打开排水阀进气阀口，杯中气压推开排水阀活塞，打开排水阀并将杯中污水等杂质排出。

2. 干燥器

干燥器是吸收和排除压缩空气中的水分，使湿空气变成干空气的装置。从空气压缩机输出的压缩空气经过后冷却器、过滤器和储气罐的初步净化处理后已能满足一般气动系统的使用要求。但对一些精密机械、仪表等装置还不能满足要求，为防止初步净化后的气体的含湿量对精密机械、仪表产生锈蚀，还要进行干燥和再精过滤。

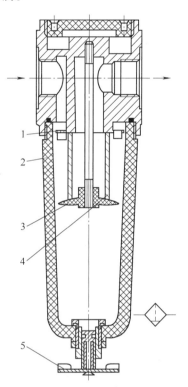

图1-29 过滤器的结构原理
1—导流片　2—滤杯　3—挡水板
4—滤芯　5—手动排水阀

压缩空气的干燥方法主要有冷冻法和吸附法。

（1）冷冻法　它是使压缩空气冷却到一定的露点温度，然后析出相应的水分，使压缩空气达到一定的干燥度。此方法适用于处理低压大流量，并对干燥度要求不高的压缩空气。压缩空气的冷却除用冷冻设备外也可采用制冷剂直接蒸发，或用冷却液间接冷却的方法。

（2）吸附法　它是利用硅胶、活性氧化铝、焦炭等物质表面能吸附水分的特性来清除水分的。由于水分和这些干燥剂之间没有化学反应，所以不需要更换干燥剂，但必须定期再生干燥。

3. 油雾器

对于现代气动组件，润滑不一定是必需的，它们可不用供油润滑即可长期工作，其寿命和特性可完全满足现代机械制造高频率的需要。但对于普通气动件及要求机件做高速运动的地方或在气缸口径较大时，应采用油雾润滑并尽可能将油雾器直接安装于气缸供气管道上，以降低活动机件的磨耗，减小摩擦力并避免机件生锈。

图1-30所示为气动三联件中的普通型油雾器。压缩空气从输入口进入，在油雾器的气

流通道中有一个立杆1，立杆上有两个通道口，上面背向气流的是喷油口B，下面正对气流的是油面加压通道口A。一小部分进入A口的气流经加压通道至截止阀2，在压缩空气刚进入时，钢球被压在阀座上，但钢球与阀座密封不严，有点漏气（将截止阀2打开），可使储油杯3上腔的压力逐渐升高，使杯内油面受压，迫使储油杯内的油液经吸油管4、单向阀5和节流阀6滴入透明的视油器7内，然后从喷油口B被主气道中的气流引射出来，在气流的气动力和油粘性力对油滴的作用下，润滑油雾化后随气流从输出口输出。节流阀6用来调节滴油量，关闭油雾器停止滴油喷雾。

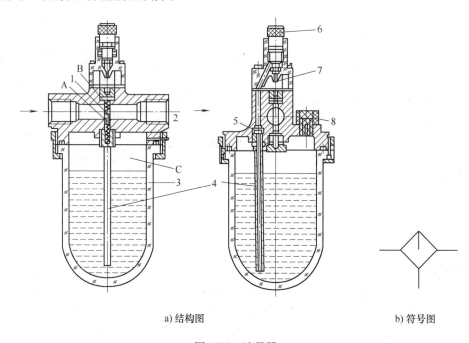

a) 结构图　　　　　　　　b) 符号图

图1-30　油雾器

1—立杆　2—截止阀　3—储油杯　4—吸油管　5—单向阀　6—节流阀　7—视油器　8—油塞

这种油雾器可以在不停气的情况下加油。当没有气流输入时，截止阀2中的弹簧把钢球顶起，封住加压通道，阀处于截止状态，如图1-31a所示。正常工作时，压力气体推开钢球进入油杯，油杯内气体的压力加上弹簧的弹力使钢球处于中间位置，截止阀处于打开状态，如图1-31b所示。当进行不停气加油时，拧松加油孔的油塞8，储油杯中的气压降至大气压，输入的气体把钢珠压到下限位置，使截止阀处于反向关闭状态，如图1-31c所示。由于截止阀2和单向阀5都被压在各自阀座上，封住了油杯的进气道，油杯与主气流隔离，这样就可保证在不停气的情况从加油孔加油。油塞8的螺纹部分开有半截小孔，当拧开油塞加油时，不等油塞全部旋开小孔已先与大气相通，油杯中的压缩空气通过小孔逐渐排空，这样不致造成油、气从加油孔喷出来。补油完毕，重新拧紧油塞。由于截止阀上有一些微小沟槽，压缩空气可通过沟槽泄漏至油杯上腔，使上腔压力不断上升，直到将截止阀及单向阀的钢球从各自阀座上推开，油雾器又处于正常工作状态。

（三）标准双作用直线气缸

自动供料机有推料气缸和顶料气缸，此两种气缸均为标准双作用气缸。

标准气缸是指气缸的功能和规格是普遍使用的、结构容易制造的、制造厂通常作为通用

  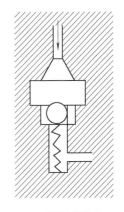

a) 截止状态　　　　　　　b) 工作状态　　　　　　　c) 反向关闭状态

图 1-31　油雾器阀的状态

产品供应市场的气缸。

双作用气缸是指活塞的往复运动均由压缩空气来推动。图 1-32 是标准双作用直线气缸的半剖面图。图中，气缸的两个端盖上都设有进排气通口，从无杆侧端盖气口进气时，推动活塞向前运动；反之，从杆侧端盖气口进气时，推动活塞向后运动。

双作用气缸具有结构简单、输出力稳定、行程可根据需要选择的优点，但由于是利用压缩空气交替作用于活塞上实现伸缩运动的，回缩时压缩空气的有效作用面积较小，所以产生的力要小于伸出时产生的推力。图 1-32 为双作用气缸工作示意图。

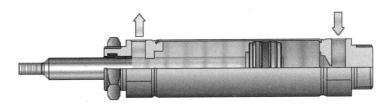

图 1-32　双作用气缸工作示意图

为了使气缸的动作平稳可靠，应对气缸的运动速度加以控制，常用的方法是使用单向节流阀来实现。

单向节流阀是由单向阀和节流阀并联而成的流量控制阀，常用于控制气缸的运动速度，所以也称为速度控制阀。图 1-33 给出了在双作用气缸装上两个单向节流阀的连接示意图，这种连接方式称为排气节流方式。即，当压缩空气从 A 端进气、从 B 端排气时，单向节流阀 A 的单向阀开启，向气缸无杆腔快速充气；由于单向节流阀 B 的单向阀关闭，有杆腔的气体只能经节流阀排气，调节节流阀 B 的开度，便可改变气缸伸出时的运动速度。反之，调节节流阀 A 的开度则可改变气缸缩回时的运动速度。这种控制方式，活塞运行稳定，是最常用的方式。

节流阀上带有气管的快速接头，只要将合适外径的气管往快速接头上一插就可以将管连接好了，使用十分方便。图 1-34 是安装了带快速接头的限出型气缸节流阀的气缸外观。

（四）单电控电磁换向阀、电磁阀组

如前所述，顶料或推料气缸，其活塞的运动是依靠向气缸一端进气，并从另一端排气，

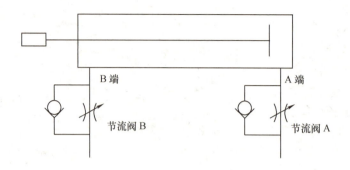

图 1-33　节流阀连接和调整原理示意图

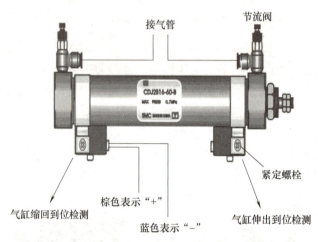

图 1-34　带快速接头的限出型气缸节流阀气缸外观

再反过来，从另一端进气，一端排气来实现的。气体流动方向的改变则由能改变气体流动方向或通断的控制阀即方向控制阀加以控制。在自动控制中，方向控制阀常采用电磁控制方式实现方向控制，称为电磁换向阀。

电磁换向阀是利用其电磁线圈通电时，静铁心对动铁心产生电磁吸力使阀芯切换，达到改变气流方向的目的。图 1-35 所示是一个单电控二位三通电磁换向阀的工作原理示意。

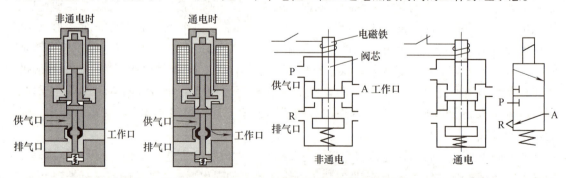

图 1-35　单电控二位三通电磁换向阀的工作原理

所谓"位"，指的是为了改变气体方向，阀芯相对于阀体所具有的不同的工作位置。

"通"的含义则指换向阀与系统相连的通口,有几个通口即为几通。图1-35中,只有两个工作位置,具有供气口P、工作口A和排气口R,故为二位三通阀。

图1-36所示为单电控电磁换向阀的图形符号,图中分别给出二位三通、二位四通和二位五通单控电磁换向阀的图形符号,图形中有几个方格就是几位,方格中的"⊤"和"⊥"符号表示各接口互不相通。

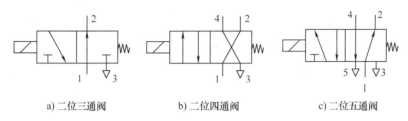

a) 二位三通阀　　　b) 二位四通阀　　　c) 二位五通阀

图1-36　单电控电磁换向阀的图形符号

YL-335B所有工作站的执行气缸都是双作用气缸,因此控制它们工作的电磁阀需要有两个工作口和两个排气口以及一个供气口,故使用的电磁阀均为二位五通电磁阀。自动供料机用了两个二位五通的单电控电磁阀。这两个电磁阀带有手动换向和加锁钮,有锁定(LOCK)和开启(PUSH)两个位置。用小螺钉旋具把加锁钮旋到LOCK位置时,手控开关向下凹进去,不能进行手控操作。只有在PUSH位置,可用工具向下按,信号为"1",等同于该侧的电磁信号为"1";常态时,手控开关的信号为"0"。在进行设备调试时,可以使用手控开关对阀进行控制,从而实现对相应气路的控制,以改变推料气缸等执行机构的控制,达到调试的目的。

两个电磁阀是集中安装在汇流板上的。汇流板中两个排气口末端均连接了消声器,消声器的作用是减少压缩空气向大气排放时的噪声。这种将多个阀与消声器、汇流板等集中在一起构成的一组控制阀的集成称为阀组,而每个阀的功能是彼此独立的。图1-37所示为电磁阀组结构示意图。

四、传感器

自动供料机所使用的传感器都是接近传感器,它利用传感器对所

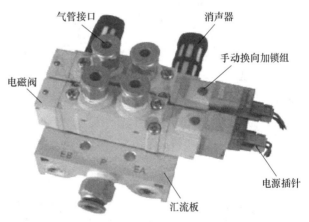

图1-37　电磁阀组结构示意图

接近的物体具有的敏感特性来识别物体的接近,并输出相应开关信号,因此,接近传感器通常也称为接近开关。接近传感器有多种检测方式,包括利用电磁感应引起的检测对象的金属体中产生的涡电流的方式、捕捉检测体的接近引起的电气信号的容量变化的方式、利用磁石和引导开关的方式、利用光电效应和光电转换器件作为检测元件等。自动供料机所使用的是磁感应式接近开关(或称磁性开关)、电感式接近开关、漫反射光电开关和光纤型光电传感器等。下面详细介绍自动供料机使用的磁性开关、电感式接近开关和漫反射式光电开关。

（一）磁性开关

自动供料机所使用的气缸都是带磁性开关的气缸。这些气缸的缸筒采用导磁性弱、隔磁性强的材料，如硬铝、不锈钢等。在非磁性体的活塞上安装一个永久磁铁的磁环，这样就提供了一个反映气缸活塞位置的磁场。而安装在气缸外侧的磁性开关则是用来检测气缸活塞位置，即检测活塞的运动行程的。

有触点式的磁性开关用舌簧开关作磁场检测元件。舌簧开关成型于合成树脂块内，并且一般还有动作指示灯、过电压保护电路也塑封在内。图1-38是带磁性开关气缸的工作原理图。当气缸中随活塞移动的磁环靠近开关时，舌簧开关的两根簧片被磁化而相互吸引，触点闭合；当磁环移开开关后，簧片失磁，触点断开。触点闭合或断开时发出电控信号，在PLC的自动控制中，可以利用该信号判断推料气缸及顶料气缸的运动状态或所处的位置，以确定工件是否被推出或气缸是否返回。

在磁性开关上设置的LED显示用于显示其信号状态，供调试时使用。磁性开关动作时，输出信号"1"，LED亮；磁性开关不动作时，输出信号"0"，LED不亮。磁性开关的安装位置可以调整，调整方法是松开它的紧定螺栓，让磁性开关顺着气缸滑动，到达指定位置后，再旋紧紧定螺栓。磁性开关有蓝色和棕色2根引出线，使用时蓝色引出线应连接到PLC输入公共端，棕色引出线应连接到PLC输入端。磁性开关的内部电路如图1-39中点画线框内所示。

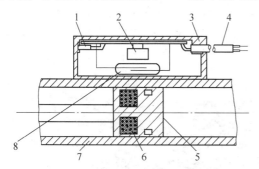

图1-38　带磁性开关气缸的工作原理图
1—动作指示灯　2—保护电路　3—开关外壳
4—导线　5—活塞　6—磁环（永久磁铁）
7—缸筒　8—舌簧开关

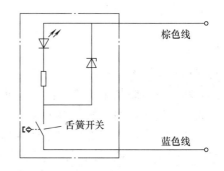

图1-39　磁性开关内部电路

（二）电感式接近开关

电感式接近开关是利用电涡流效应制造的传感器。电涡流效应是指，当金属物体处于一个交变的磁场中，在金属内部会产生交变的电涡流，该涡流又会反作用于产生它的磁场这样一种物理效应。如果这个交变的磁场是由一个电感线圈产生的，则这个电感线圈中的电流就会发生变化，用于平衡涡流产生的磁场。

利用这一原理，以高频振荡器（LC振荡器）中的电感线圈作为检测元件，当被测金属物体接近电感线圈时产生了涡流效应，引起振荡器振幅或频率的变化，由传感器的信号调理电路（包括检波、放大、整形、输出等电路）将该变化转换成开关量输出，从而达到检测目的。电感式接近传感器工作原理框图如图1-40所示。自动供料机中，为了检测待加工工件是否金属材料，在供料管底座侧面安装了一个电感式传感器。图1-41所示为自动供料机上的电感式传感器。

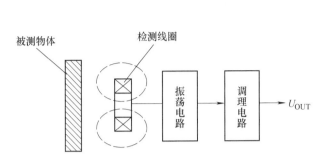

图 1-40 电感式接近传感器工作原理框图　　图 1-41 自动供料机上的电感式传感器

在接近开关的选用和安装中，必须认真考虑检测距离、设定距离，保证生产线上的传感器可靠动作。安装距离注意说明如图 1-42 所示。

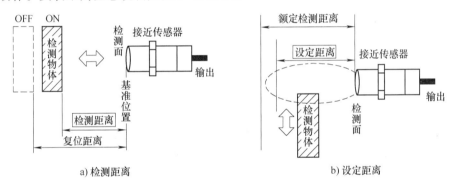

a) 检测距离　　　　　　　　　　　　b) 设定距离

图 1-42 安装距离注意说明

（三）漫射式光电接近开关

1. 光电式接近开关

光电式接近开关是利用光的各种性质，检测物体的有无和表面状态的变化等的传感器。其中输出形式为开关量的传感器为光电式接近开关。

光电式接近开关主要由光发射器和光接收器构成。如果光发射器发射的光线因检测物体不同而被遮掩或反射，到达光接收器的量将会发生变化。光接收器的敏感元件将检测出这种变化，并转换为电气信号，进行输出。大多使用可视光（主要为红色，也用绿色、蓝色来判断颜色）和红外光。

按照接收器接收光的方式的不同，光电式接近开关可分为对射式、反射式和漫射式 3 种，图 1-43 所示为光电式接近开关工作原理图。

2. 漫射式光电开关

漫射式光电开关是利用光照射到被测物体上后反射回来的光线而工作的，由于物体反射的光线为漫射光，故称为漫射式光电接近开关。它的光发射器与光接收器处于同一侧位置，且为一体化结构。在工作时，光发射器始终发射检测光，若接近开关前方一定距离内没有物体，则没有光被反射到接收器，接近开关处于常态而不动作；反之若接近开关的前方一定距

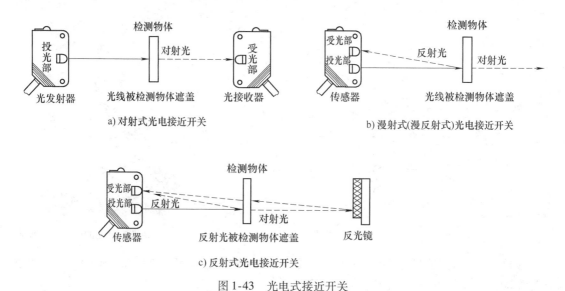

图 1-43 光电式接近开关

离内出现物体,只要反射回来的光强度足够,则接收器接收到足够的漫射光就会使接近开关动作而改变输出的状态。

自动供料机中,用来检测工件不足或工件有无的漫射式光电接近开关选用欧姆龙(OMRON)公司的 CX-441（E3Z-L61）型放大器内置型光电开关（细小光束型,NPN 型晶体管集电极开路输出）,该光电开关的外形和顶端面上的调节旋钮和显示灯如图 1-44 所示,光电开关电路原理图如图 1-45 所示。图 1-44 中动作选择开关的功能是选择受光动作（Light）或遮光动作（Drag）模式。即,当此开关按顺时针方向充分旋转时（L 侧）,则进入检测-ON 模式;当此开关按逆时针方向充分旋转时（D 侧）,则进入检测-OFF 模式。

距离设定旋钮是 5 回转调节器,调整距离时注意逐步轻微旋转,否则若充分旋转,距离设定旋钮会空转。调整的方法是,首先按逆时针方向将距离设定旋钮充分旋到最小检测距离（E3Z-L61 约 20mm）,然后根据要求距离放置检测物体,按顺时针方向逐步旋转距离设定旋钮,找到传感器进入检测条件的点;拉开检测物体距离,按顺时针方向进一步旋转距离设定旋钮,找到传感器再次进入检测状态,一旦进入,向后旋转距离设定旋钮直到传感器回到非检测状态的点。两点之间的中点为稳定检测物体的最佳位置。

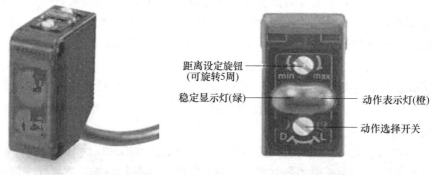

a) E3Z-L 型光电开关外形　　　　b) 调节旋钮和显示灯

图 1-44　CX-441（E3Z-L61）光电开关的外形和调节旋钮、显示灯

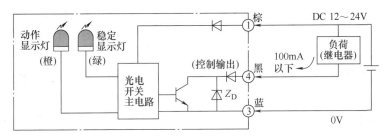

图 1-45　CX-441（E3Z-L61）光电开关电路原理图

图 1-46 所示为自动供料机物料台 MHT15-N2317 光电开关外形图，该接近开关也为漫射式光电接近开关。

（四）接近开关的图形符号

部分接近开关的图形符号如图 1-47 所示。图 1-47 a、b、c 三种情况均使用 NPN 型晶体管集电极开路输出。如果是使用 PNP 型的，正负极性应反过来。

图 1-46　MHT15-N2317 光电开关外形

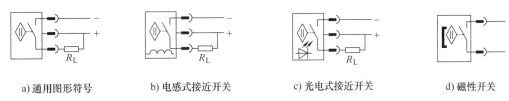

a) 通用图形符号　　　b) 电感式接近开关　　　c) 光电式接近开关　　　d) 磁性开关

图 1-47　接近开关的图形符号

五、常用低压电器元件

1. 接线端子排

自动供料机的结构特点是机械装置和电气控制部分的相对分离。

自动供料机机械装置整体安装在底板上，而控制生产过程的 PLC 装置则安装在抽屉板上。因此，工作站机械装置与 PLC 装置之间的信息交换是一个关键的问题。本项目的解决方案是：机械装置上的各电磁阀和传感器的引线均连接到装置侧的接线端口上。PLC 的 I/O 引出线则连接到 PLC 侧的接线端口上。两个接线端口间通过多芯信号电缆互连。图 1-48 和图 1-49 分别是装置侧的接线端口和 PLC 侧的接线端口。

装置侧的接线端口的接线端子采用三层端子结构，上层端子用以连接 DC 24V 电源的 24V 端，底层端子用以连接 DC 24V 电源的 0V 端，中间层端子用以连接各信号线。

PLC 侧的接线端口的接线端子采用两层端子结构，上层端子用以连接各信号线，其端子号与装置侧的接线端口的接线端子相对应。底层端子用以连接 DC 24V 电源的 24V 端和 0V 端。

装置侧的接线端口和 PLC 侧的接线端口之间通过专用电缆连接。其中 25 针接头电缆连接 PLC 的输入信号，15 针接头电缆连接 PLC 的输出信号。

装置侧的接线端口的接线端子采用三层端子结构，上层端子用以连接 DC 24V 电源的

24V 端，底层端子用以连接 DC 24V 电源的 0V 端，中间层端子用以连接各信号线。

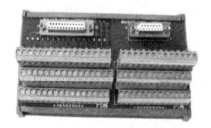

图 1-48　装置侧的接线端口

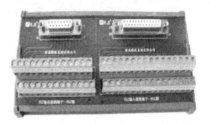

图 1-49　PLC 侧的接线端口

PLC 侧的接线端口的接线端子采用两层端子结构，上层端子用以连接各信号线，其端子号与装置侧的接线端口的接线端子相对应。底层端子用以连接 DC 24V 电源的 24V 端和 0V 端。

装置侧的接线端口和 PLC 侧的接线端口之间通过专用电缆连接。其中 25 针接头电缆连接 PLC 的输入信号，15 针接头电缆连接 PLC 的输出信号。

2. 按钮指示灯模块

自动供料机的运行通过按钮指示灯模块控制。

其设备运行的主令信号以及运行过程中的状态显示信号，来源于该工作站按钮指示灯模块。按钮指示灯模块如图 1-50 所示。

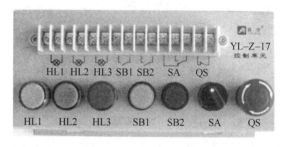

图 1-50　按钮指示灯模块

模块上的指示灯和按钮的端脚全部引到端子排上。

模块盒上器件包括：指示灯（DC 24V）——黄色（HL1）、绿色（HL2）、红色（HL3）各一个；主令器件——绿色常开按钮 SB1 一个；红色常开按钮 SB2 一个；选择开关 SA（一对转换触点）；急停按钮 QS（一个常闭触点）。

【项目设计】

自动供料机的安装与调试包括自动供料机的机械安装、气动控制回路的设计与安装、自动供料机的 PLC 控制等。根据所完成功能，正确选用所提供元件及机械零部件。本站工作的主令信号和工作状态显示信号要求用按钮/指示灯模块。

根据以上任务要求完成机械零部件安装结构测绘、气动控制回路设计、电气控制回路设计、PLC 程序设计等内容。

一、自动供料机零部件结构测绘设计

将已经拆散的自动供料机的零件，再组装成以下部件，并测绘。

首先把自动供料机各零件组合成整体安装时的组件，然后把组件进行组装。图 1-51 所示为自动供料机组件。所组合成的组件包括铝合金型材支撑架组件、物料台及料仓底座组件、推料机构组件。

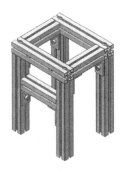 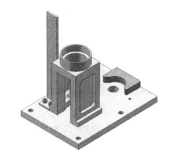 

a) 铝合金型材支撑架　　　b) 物料台及料仓底座　　　c) 推料机构

图 1-51　自动供料机组件

二、气动控制回路设计

气动控制回路是本工作站的执行机构,该执行机构的逻辑控制功能是由 PLC 实现的。

 做一做,并填写设计记录单

设计要求:气动控制回路的工作原理要求,用 1A 和 2A 分别表示推料气缸和顶料气缸。用 1B1 和 1B2 分别表示安装在推料气缸的两个极限工作位置的磁感应接近开关,2B1 和 2B2 分别表示安装在推料气缸的两个极限工作位置的磁感应接近开关。1Y1 和 2Y1 分别表示控制推料气缸和顶料气缸的电磁阀的电磁控制端。通常,这两个气缸的初始位置均设定在缩回状态。

设计气动控制回路图,包括以下几个步骤和内容:

1. 明确工作要求

在设计气动系统之前,首先必须明确主机对气动系统的要求,主要包括:

1)运动和操作力的要求:主机的动作顺序,动作时间,运动速度及其调节范围,运动的平稳性,定位精度,操作力等。

2)工作环境:温度,湿度,防尘、防腐蚀要求以及工作空间等。

3)与机、电、液控制相配合的情况,及其对气动系统的要求。

2. 设计气动回路

1)描述气动执行元件的工作顺序。

2)根据实际情况合理选用纯气动、电气—气动或者 PLC—气动等控制方案。

3)设计气动回路图。

4)设计控制回路图。

3. 确定执行元件的规格

首先,确定执行元件的类型,即采用直线气缸、摆动气缸或是气马达。以气缸为例,在确定其规格时,必须考虑以下各项:

1)摩擦阻力。

2)气缸的驱动力。

3)气缸的耗气量。

4）运动速度。

5）结构尺寸和行程。

6）传感器的安装位置。

7）气缸的工作方向。

8）气缸的安装方式等。

在设计中,应该优先考虑采用标准规格的气缸。

4. 确定调节控制阀的规格

(1) 确定方向控制阀的规格　方向控制阀的类型可以从多方面进行描述:

按主阀结构的不同有:锥阀、滑阀、转阀等。

按接口数目的不同有:二通、三通、四通、五通等。

按切换位置数不同有:二位、三位(有不同的中位机能)。

按操纵方式的不同有:手动、气动、电磁、机械等。

应根据系统的要求选取合适的类型。

选取方向控制阀的类型之后,还要确定方向控制阀的规格,这时需要考虑流量特性、响应特性、最低工作压力和所用的润滑油等问题,并确定这些特性与执行元件之间是否协调。

(2) 确定流量控制阀的规格　流量控制阀的性能对气缸运动的平稳性具有很大的影响。流量控制阀中的单向阀在小流量下的振动,往往成为气缸产生"爬行"现象的原因。

5. 确定辅助元件和保护元件

辅助元件和保护元件主要包括:储气罐、油水分离器、分水滤气器、减压阀和油雾器等。由于空气中含有很多水分和尘埃,如果不注意清除,将使气动元件发生故障,因此,辅助元件也是影响气动系统性能的重要因素。

(1) 储气罐　对于往复式空气压缩机,应该在空气压缩机输出侧设置储气罐,防止压力脉动;同时,也可以促进空气中水分、杂质和油的分离。对于旋转式空气压缩机,由于其压力脉动小,在耗气量不太高时,可以不设置储气罐。

(2) 分水滤气器　分水滤气器根据过滤精度的要求来确定。对于一般气动回路、截止阀以及操纵气缸等,要求过滤精度≤50～75μm;对于操纵气马达等存在高速相对运动金属部件以及向机械部件滑动部分吹入空气等情况,要求过滤精度≤25μm;对于气控滑阀、射流元件、精密检测等,要求过滤精度≤10μm。

分水滤气器的通径由流量决定,并与减压阀相同。

(3) 油雾器　油雾器为执行元件、方向控制阀及其他部分提供润滑油,其规格根据油雾颗粒直径及其流量来确定。一般,流入空气中的油量以每 $10m^3$ 含 $1cm^3$ 为基准。当与减压阀、分水滤气器串联使用时,应保持三者通径一致。

(4) 减压阀　减压阀根据流量及其调压范围来确定。减压阀的压力调节范围通常为:微压 0～0.01MPa;低压 0～0.3MPa;标准 0～0.8MPa;高压 0～1.6MPa。

6. 确定空气压缩机的规格

选择空气压缩机规格的依据是:空气压缩机的供气压力 p_s 和供气量 q_z。

根据以上方法,设计自动供料机的气动控制回路图,填写自动供料机的气动控制回路图设计记录单,见表1-5。

项目一　自动供料机设计与运行

表1-5　自动供料机的气动控制回路图设计记录单

课程名称		自动化生产线安装与调试			总学时:90
项目一		自动供料机设计与运行			参考学时:
班级			团队负责人		团队成员	
项目设计方案一	使用元件:				
	工作原理:				
项目设计方案二	使用元件:				
	工作原理:				
最优方案					
设计方法					
相关资料及资源	校本教材、实训指导书、视频录像、PPT课件、包装码垛生产线工作视频等				

三、电气控制回路设计

电气控制回路的设计包括PLC电源接线图及装置侧端口信号端子的分配。在自动供料机装置侧完成各传感器、电磁阀、电源端子等引线到装置侧接线端口之间的接线；在PLC侧进行电源连接、I/O点接线等。

做一做，并填写设计记录单

自动供料机装置侧接线端口信号端子的分配请填写表1-6。

表1-6　自动供料机装置侧接线端口信号端子的分配

输入端口中间层			输出端口中间层		
端子号	设备符号	信号线	端子号	设备符号	信号线
2			2		
3			3		
4					
5					
6					
7					
8					
9					

接线时应注意，装置侧接线端口中，输入信号端子的上层端子（24V）只能作为传感器的正电源端，切勿用于电磁阀等执行元件的负载。电磁阀等执行元件的正电源端和0V端应连接到输出信号端子下层端子的相应端子上。装置侧接线完成后，应用扎带绑扎，力求整齐美观。PLC侧的接线，包括电源接线，PLC的I/O点和PLC侧接线端口之间的连线，PLC的I/O点与按钮指示灯模块的端子之间的连线。具体接线要求与工作任务有关。电气接线的工艺应符合国家职业标准的规定，例如，导线连接到端子时，采用压紧端子压接方法；连接线须有符合规定的标号；每一端子连接的导线不超过2根等。

根据工作站装置接线端子的信号分配（见表1-6）和工作任务的要求，自动供料机PLC选用S7-224 AC/DC/RLY主站，共14点输入和10点继电器输出。PLC的I/O信号分配填至表1-7。

表1-7 自动供料机PLC的I/O信号表

输入端口中间层				输出端口中间层			
序号	PLC输入点	信号名称	信号来源	序号	PLC输出点	信号名称	信号输出目标
1			按钮/指示灯模块	1			
2				2			
3				3			
4				4			
5				5			
6				6			
7				7			
8				8			
9				9			
10				10			
11							
12							

根据以上端子侧及PLC侧接线符号表设定，设计电气控制回路图，填写表1-8。

表1-8 自动供料机的电气控制回路图设计记录单

课程名称	自动化生产线安装与调试		总学时:90
项目一	自动供料机设计与运行		参考学时:
班级		团队负责人	团队成员
项目设计方案一	使用传感器元件及型号：		
	使用主令电器元件及型号：		
	使用指示灯型号：		

(续)

项目设计方案二	使用传感器元件及型号：
	使用主令电器元件及型号：
	使用指示灯型号：
最优方案	
设计方法	
相关资料及资源	校本教材、实训指导书、视频录像、PPT 课件、包装码垛生产线电气控制原理图等

四、PLC 程序设计

具体的控制要求为：

1）设备上电和气源接通后，若工作站的两个气缸均处于缩回位置，且料仓内有足够的待加工工件，则"正常工作"指示灯 HL1 常亮，表示设备准备好。否则，该指示灯以 1Hz 频率闪烁。若设备准备好，按下启动按钮，工作站启动，"设备运行"指示灯 HL2 常亮。启动后，若出料台上没有工件，则应把工件推到出料台上。出料台上的工件被人工取出后，若没有停止信号，则进行下一次推出工件操作。

2）若在运行中按下停止按钮，则在完成本工作周期任务后，各工作站停止工作，HL2 指示灯熄灭。

3）若在运行中料仓内工件不足，则工作站继续工作，但"正常工作"指示灯 HL1 以 1Hz 的频率闪烁，"设备运行"指示灯 HL2 保持常亮。若料仓内没有工件，则 HL1 指示灯和 HL2 指示灯均以 2Hz 频率闪烁。工作站在完成本周期任务后停止。除非向料仓补充足够的工件，工作站不能再启动。

根据以上设计要求，设计自动供料机的工艺流程图。

【项目实现】

一、机械结构安装

先将零件组装成各组件，如图 1-51 所示。各组件装配好后，用螺栓把它们连接为总体，再用橡胶锤把装料管敲入料仓底座。然后将连接好的自动供料机机械部分以及电磁阀组、PLC 和接线端子排固定在底板上，最后固定底板完成自动供料机的安装。

安装过程如下所示：

自动供料机是由铝合金支架、物料板、传感器支架、料仓底座、装料管、气缸及气缸安装板等零件组成的。安装过程中先将零件组装成各组件，然后再将各组件进行组装。

首先，将铝合金型材通过 L 形连接件连接成整体支架，连接成整体支架如图 1-52 所示。

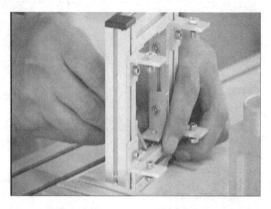

图 1-52　连接成整体支架

为了安装的快捷与方便，螺栓与螺母先与 L 形连接支架套在一起，再将螺母插入铝合金 T 形槽内，T 形槽安装如图 1-53 所示。

在锁紧螺母的同时应注意四条边的平行与垂直度，锁紧螺母四条边平行位置如图 1-54 所示。

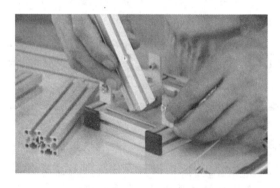
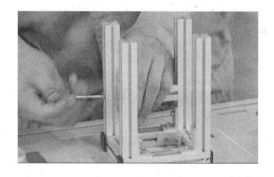

图 1-53　T 形槽安装　　　　　　　　　图 1-54　锁紧螺母四条边平行位置

接下来，进行自动供料机供料部分的安装。

将物料台上的挡块与传感器安装支架、料仓底座按总体位置要求用螺栓固定在物料板上，固定物料板如图 1-55 所示。

顶料气缸、推料气缸与气缸安装板连接，并将节流阀等与各气缸用螺纹连接并锁紧，节流阀与各气缸的锁紧如图 1-56 所示。

接下来把两个连接好的组件用螺栓连接成一个总体，总体连接如图 1-57 所示。

注意：气缸安装板和铝合金型材支撑架的连接，是靠预先在特定位置的铝型材 "T" 形槽中放置预留与之相配的螺母，因此在对该部分的铝合金型材进行连接时，一定要在相应的位置放置相应的螺母。如果没有放置螺母或没有放置足够多的螺母，将造成无法安装或安装不可靠。

图 1-55　固定物料板

图 1-56　节流阀与各气缸的锁紧

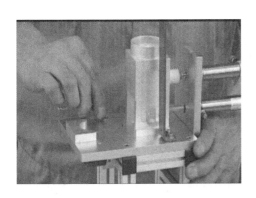

图 1-57　总体连接

图 1-58　装料管敲入底座方式

用橡胶锤，把装料管敲入底座，装料管敲入底座方式如图 1-58 所示。

将安装好的供料台机械部分固定在安装底板上，最后固定底板，完成供料站的安装，如图 1-59 所示。

注意：机械机构固定在底板上的时候，需要将底板移动到操作台的边缘，螺栓从底板的反面拧入，将底板和机械机构部分的支撑型材连接起来，底板和支撑型材的连接如图 1-60 所示。

图 1-59　完成安装

图 1-60　底板和支撑型材的连接

① 装配铝合金型材支撑架时，注意调整好各条边的平行及垂直度，锁紧螺栓。

② 机械机构固定在底板上的时候，需要将底板移动到操作台的边缘，螺栓从底板的反面拧入，将底板和机械机构部分的支撑型材连接起来。

二、气路连接和调试

连接步骤：从汇流排开始，按照设计的气动控制回路原理图连接电磁阀、气缸。连接时注意气管走向应按序排布，均匀美观，不能交叉、打折；气管要在快速接头中插紧，不能够有漏气现象。

气路调试包括：

1）用电磁阀上的手动换向加锁钮验证顶料气缸和推料气缸的初始位置和动作位置是否正确。

2）调整气缸节流阀以控制活塞杆的往复运动速度，伸出速度以不推倒工件为准。

三、电气接线

电气接线包括，在工作站装置侧完成各传感器、电磁阀、电源端子等引线到装置侧接线端口之间的接线；在 PLC 侧进行电源连接、I/O 点接线等。

四、自动供料机单站控制

1）程序结构：有两个子程序，一个是系统状态显示，另一个是供料控制。主程序在每一扫描周期都调用系统状态显示子程序，仅当在运行状态已经建立时才可能调用供料控制子程序。

2）PLC 上电后应首先进入初始状态检查阶段，确认系统已经准备就绪后，才允许投入运行，这样可及时发现存在问题，避免出现事故。例如，若两个气缸在上电和气源接入时不在初始位置，这是气路连接错误的缘故，显然在这种情况下不允许系统投入运行。通常的 PLC 控制系统往往有这种常规的要求。

3）自动供料机运行的主要过程是供料控制，它是一个步进顺序控制过程。

4）如果没有停止要求，顺控过程将周而复始地不断循环。常见的顺序控制系统正常停止要求是，接收到停止指令后，系统在完成本工作周期任务即返回到初始步后才停止下来。

5）当料仓中最后一个工件被推出后，将发生缺料报警。推料气缸复位到位，亦即完成本工作周期任务即返回到初始步后，也应停止下来。

请画出子程序及状态显示梯形图。

【项目运行】

1）调整气动部分，检查气路是否正确，气压是否合理，气缸的动作速度是否合理。

2）检查磁性开关的安装位置是否到位，磁性开关工作是否正常。

3) 检查 I/O 接线是否正确。
4) 检查光电传感器安装是否合理,灵敏度是否合适,保证检测的可靠性。
5) 放入工件,运行程序看加工站动作是否满足任务要求。
6) 调试各种可能出现的情况,比如在任何情况下都有可能加入工件,系统都要能可靠工作。
7) 优化程序。

在完成自动供料机的设计与运行过程中,学生填写安装与调试完成情况表(见表1-9)和调试运行记录表(见表1-10),教师要把学生的设计及完成情况填写考核评价表(见表1-11)。

表1-9 安装与调试完成情况表

序号	内　　容	计划时间	实际时间	完　成　情　况
1	整个练习的工作计划			
2	制订安装计划			
3	线路描述和项目执行图样			
4	写材料清单和领料			
5	机械部分安装			
6	传感器安装			
7	气路安装			
8	连接各部分器件			
9	按质量要求各点检查整个设备			
10	项目各部分设备的测试			
11	对老师发现和提出的问题进行回答			
12	整个装置的功能调试			
13	如果必要,则排除故障			
14	该项目成绩的评估			

表1-10 调试运行记录表

观 察 项 目	运 行 情 况
光电开关(料仓有无)	
光电开关(料仓满)	
物料台传感器	
控制盒绿灯	
控制盒红灯	
控制盒黄灯	
推料气缸	
顶料气缸	

表1-11 考核评价表

评分表：___级___班		工作形式(请在采用方式前打√) ___个人___小组分工___小组	时间： 项目所用时间：( )学时	
项目名称	项目内容	训练要求	学生自评	教师评分
装配站的安装与调试	1. 工作计划和图样(20分) 工作计划、材料清单、气路图、电路图、程序清单	电路绘图错误每处扣1分；机械手装置运动的限位保护没有设置或绘制错误扣2分；主电路绘制错误每处扣0.5分；电路符号不规范每处扣0.5分，最多扣3分		
	2. 部件安装与连接(20分)	装配未能完成，扣3分；装配完成，有部件不坚固现象，扣1分		
	3. 连接工艺(20分) 电路连接工艺；气路连接工艺；机械安装及装配工艺	端子连接，插针压接不牢或超过2根导线，每处扣0.5分，端子连接处没有信号，每处扣0.5分，两项最多扣3分；电路接线没有捆扎或电路接线凌乱，扣2分；机械手装置运动的限位保护未接线或接线错误，扣1.5分；气路连接未完成或有错误，每处扣2分；气路连接有漏气现象，每处扣1分；气缸节流阀调整不当，每处扣1分；气管没有绑扎或气路连接凌乱，扣2分		
	4. 测试与功能(30分) 夹料功能；送料功能；整个装置全面检测	启动/停止方式不按控制要求，扣1分；运行测试不满足要求，每处扣0.5分		
	5. 职业素养与安全意识(10分)	现场操作安全保护符合安全操作规程；工具摆放、物品包装、导线线头等的处理符合职业岗位的要求；团队合作有分工有合作；配合紧密；遵守纪律，尊重教师，爱惜设备和器材，保持工位的整洁		

【工程训练】

完成自动供料机的设计运行后，请根据所用的CDIO项目设计过程，自行设计自动冲压机。自动冲压机结构如图1-61所示，要求如下：在物料台上放工件，送到冲压机构下面，

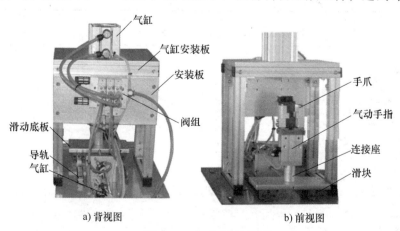

a) 背视图　　　　　　　　b) 前视图

图1-61　自动冲压机结构

完成一次冲压加工动作,然后再送回到物料台上,工件取走后再重复相应的动作。

根据如上要求,请将元件列写在自动冲压机所用元件明细表中,见表 1-12。

表 1-12 自动冲压机所用元件明细表

序 号	名 称	型 号	数量/每套
1			
2			
3			
4			
5			
6			
7			
8			
9			

自动供料机气动控制参考回路图如图 1-62 所示,自动供料机电气控制参考回路图如图 1-63 所示。自动供料机装置侧接线信号端子的分配见表 1-13,自动供料机 PLC 的 I/O 信号表见表 1-14。

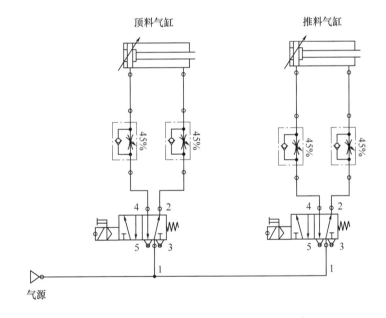

图 1-62 自动供料机气动控制参考回路图

表 1-13 自动供料机装置侧接线端口信号端子的分配

输入端口中间层			输出端口中间层		
端子号	设备符号	信号线	端子号	设备符号	信号线
2	1B1	顶料到位	2	1Y	顶料电磁阀
3	1B2	顶料复位	3	2Y	推料电磁阀
4	2B1	推料到位			
5	2B2	推料复位			
6	SC1	物料台物料检测			
7	SC2	供料不足检测			
8	SC3	物料有无检测			
9	SC4	金属材料检测			

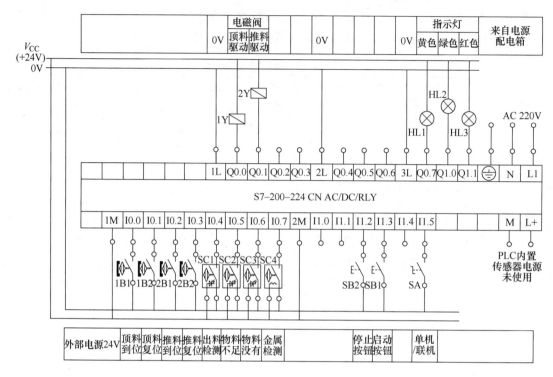

图 1-63 自动供料机电气控制参考回路图

表 1-14 自动供料机 PLC 的 I/O 信号表

	输入端口中间层				输出端口中间层		
序号	PLC 输入点	信号名称	信号来源	序号	PLC 输入点	信号名称	信号输出目标
1	I0.0	顶料到位检测	按钮/指示灯模块	1	Q0.0	顶料电磁阀	
2	I0.1	顶料复位检测		2	Q0.1	推料电磁阀	
3	I0.2	推料到位检测		3	Q0.2		
4	I0.3	推料复位检测		4	Q0.3		
5	I0.4	物料台物料检测		5	Q0.4		
6	I0.5	供料不足检测		6	Q0.5		
7	I0.6	物料有无检测		7	Q0.6		
8	I0.7	金属传感器检测		8	Q0.7	红色警示灯	
9	I1.2	停止按钮		9	Q1.0	橙色警示灯	
10	I1.3	启动按钮		10	Q1.1	绿色警示灯	
11	I1.4	急停按钮		11	Q1.2		
12	I1.5	单机/联机					

项目二
自动分拣系统设计与运行

项目名称	自动分拣系统设计与运行	参考学时	26 学时
项目导入	项目来源于某日用品生产企业，要求对灌装成品进行分拣，将黑白两种颜色圆柱形瓶体推传到不同的料仓中，完成分拣。随着机电一体化技术的不断发展，应用到轻工业的生产线的生产率不断提高，企业为提高灌装线的生产效率不断改进原有设备。 该项目目前主要应用于装配生产线的分拣机构、灌装线的成品分包等，从而能够对各类全自动生产线的产品进行分类，完成生产线分拣机构的安装与调试、维修。		
项目目标	通过项目的设计与实现掌握自动供料机的设计与实现方法，了解自动分拣系统的各项技术，掌握如何将电机技术综合应用到自动分拣系统，掌握自动分拣系统的故障诊断与排除。项目完成的过程中，实现以下目标： 1. 培养学生对机械及电器元件进行正确拆装的能力； 2. 正确测绘零件的能力； 3. 正确使用机械工具、测绘工具及电器仪表的能力； 4. 理解传感器技术应用原理及正确接线、调整的能力； 5. 理解气动元件工作原理及正确安装与调试的能力； 6. 理解变频器及电动机的选型与使用； 7. 使用 PLC 对自动供料机进行编程的能力； 8. 使用计算机处理技术文件的能力（包括 AutoCAD 绘图）； 9. 正确设计电气控制回路图的能力； 10. 正确设计气动控制回路图的能力； 11. 正确解读项目要求等技术文件的能力； 12. 正确查阅相关变频器技术手册的能力。		
项目要求	完成自动分拣系统的设计与安装调试，项目具体要求如下： 1. 完成自动分拣系统零部件结构测绘设计； 2. 完成自动分拣系统气动控制回路的设计； 3. 完成自动分拣系统电气控制回路的设计； 4. 完成自动分拣系统的 PLC 控制程序设计； 5. 完成自动分拣系统的安装、调试运行； 6. 针对自动分拣系统在调试过程中出现的故障现象，正确对其进行维修。		
实施思路	根据本项目的项目要求，完成项目实施思路如下： 1. 机械结构设计及零部件测绘加工，时间 6 学时； 2. 气动控制回路的设计及元件选用，时间 2 学时； 3. 电气控制回路设计及传感器等元件选用，时间 6 学时； 4. PLC 控制程序编制，时间 6 学时； 5. 安装与调试，时间 6 学时。		

【项目构思】

本项目在实施过程中采用项目引导法、案例教学法、任务驱动教学法。采用大量的工业用自动分拣系统的视频,让学生从感性认识过渡到理论知识的学习,到实际操作,提高动手能力。

通过完成对自动分拣系统的构思、设计、运行、实现,使学生能够对机械及电器元件进行正确拆装,对非标零件进行测绘;完成常用传感器的接线及调整;完成电动机及变频器的安装与调试;完成气路和电路设计;用 PLC 对自动分拣系统分拣过程进行编程。

本项目在完成过程中,先让学生对自动分拣系统的工作过程和功能有初步了解,再根据项目工单(自动分拣系统设计与运行项目工单见表 2-1)要求以及元件明细表(见表 2-2),填写设计与运行工作计划表(见表 2-3)、项目材料清单(见表 2-4)。

表 2-1 自动分拣系统设计与运行项目工单

课程名称	自动化生产线安装与调试		总学时:90
项目二	自动分拣系统设计与运行		26
班级		团队负责人	团队成员
相关资料及资源	1. 自动分拣系统机械零部件 2. 气动技术系列教材、常用气动元件使用手册 3. 传感器技术系列教材、常用传感器使用手册 4. S7-200 PLC 原理及应用系列参考书 5. 自动化生产线系列教材 6. 导线、气管、扎带、网孔板等供学生使用 7. 螺钉旋具、尖嘴钳、万用表等电工常用工具 8. 工作服、安全帽、绝缘鞋等劳保用品,学生每人一套 9. 填写所需元件明细表		
项目成果	1. 完成自动分拣系统的设计与安装运行,实现自动分拣系统的控制要求 2. 完成 CDIO 项目报告 3. 填写评价表		

表 2-2 元件明细表

序 号	名 称	型 号	数量/每套
1	电磁换向阀	二位五通电磁换向阀	3
2	光电传感器	光纤式	2
3	光电传感器	MHT15-N2317	1
4	电感式传感器	电感式接近开关	1
5	磁性开关		3
6	双作用气缸	CDJ2B16X85	3
7	三相交流减速电动机	西门子	1
8	变频器	西门子	1
9	接线端子排	三层接线端子	2
10	接线端子排	二层接线端子	1
11	控制按钮盒	控制盒	1
12	可编程序控制器	S7-200 系列	1

1）学生通过观察自动分拣系统的运行情况，搜集资料、小组讨论，制订完成自动分拣系统的工作计划，填写表 2-3。

表 2-3　自动分拣系统的设计与运行工作计划表

序 号	内 容	计划时间
1	机械及电器元件的安装	
2	非标零件的测绘	
3	传感器的选择及连接	
4	电动机、变频器的连接	
5	气动控制回路设计及安装	
6	电气控制回路的设计	
7	自动分拣系统工艺原理图设计	
8	PLC 程序编制设计	
9	自动分拣系统的调试与运行	

2）初步确定所需的气动元件、电气元件、工具和耗材等，并填写自动分拣系统所需材料清单（元器件、工具、耗材），填写表 2-4。

表 2-4　材料清单

序号	材料名称	规格及品牌	数量	功能
1				
2				
3				
4				
5				
6				
7				
8				
9				
10				
11				

让我们首先了解下自动分拣系统的结构吧！

自动分拣系统可以完成对上一站送来的已加工、装配的工件进行分拣，具有使不同颜色、不同材料的工件从不同的物料槽分流的功能。当输送站送来的工件放到传送带上并被入料口光电传感器检测到时，即启动变频器，工件开始送入分拣区进行分拣。

一、自动分拣系统的结构和工作过程

自动分拣系统的主要结构组成为：传送和分拣机构，传动带驱动机构，变频器模块，电磁阀组，接线端口，PLC 模块，按钮/指示灯模块及底板等。其中，自动分拣系统的机械结构总成如图 2-1 所示。

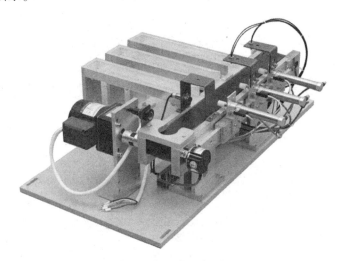

图 2-1　自动分拣系统的机械结构总成

（一）传送和分拣机构

传送和分拣机构主要由传送带、出料滑槽、推料（分拣）气缸、漫射式光电传感器、光纤传感器、磁感应接近式传感器组成。该机构传送已经加工、装配好的工件，在光纤传感器检测到后进行分拣。

传送带将机械手输送过来的加工好的工件进行传输，输送至分拣区。三条物料槽分别用于存放加工好的 9 种组合套件。

传送和分拣的工作原理：当输送站送来工件放到传送带上并被入料口光纤式光电传感器检测到时，将信号传输给 PLC，通过 PLC 程序启动变频器，电动机运转驱动传送带工作，把工件输送进分拣区。如果进入分拣区工件为金属外壳，浅色芯体套件，则检测金属材料的电感式传感器动作。作为 1 号槽推料气缸启动信号，将白色物料推到 1 号槽里；如果进入分拣区工件为黑色，检测黑色的光纤传感器作为 2 号槽推料气缸启动信号，将黑色物料推到 2 号槽里。

（二）传动带驱动机构

传动带驱动机构如图 2-2 所示。采用的三相减速电动机，用于拖动传送带从而输送物料。它主要由电动机支架、电动机、联轴器等组成。

三相电动机是传动机构的主要部分，电动机转速的快慢由变频器来控制，其作用是带动传送带动从而输送物料。电动机支架用于固定电动机。联轴器用于把电动机的轴和输送带主动轮的轴连接起来，从而组成一个传动机构。

二、旋转编码器概述

旋转编码器是通过光电转换，将输出至轴上的机械、几何位移量转换成脉冲或数字信号的传感器，主要用于速度或位置（角度）的检测。典型的旋转编码器是由光栅盘和光电检测装置组成的。光栅盘是在一定直径的圆板上等分地开通若干个长方形狭缝。由于光电码盘与电动机同轴，电动机旋转时，光栅盘与电动机同速旋转，经发光二极管等电子元器件组成的检测装置检测输出若干脉冲信号，旋转编码器原理示意图如图 2-3 所示；通过计算每秒旋转编码器输出脉冲的个数就能反映当前电动机的转速。

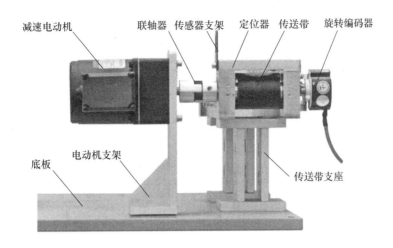

图 2-2 传动机构

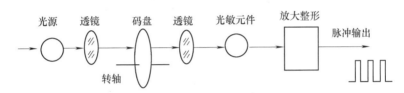

图 2-3 旋转编码器原理示意图

一般来说，根据旋转编码器产生脉冲的方式不同，可以分为增量式、绝对式以及复合式三大类。自动线上常采用的是增量式旋转编码器。

增量式旋转编码器是直接利用光电转换原理输出三组方波脉冲 A、B 和 Z 相；A、B 两组脉冲相位差 90°，用于辨向：当 A 相脉冲超前 B 相时为正转方向，而当 B 相脉冲超前 A 相时则为反转方向。Z 相为每转一个脉冲，用于基准点定位。增量式旋转编码器输出的三组方波脉冲如图 2-4 所示。

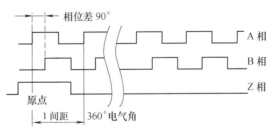

图 2-4 增量式旋转编码器输出的三组方波脉冲

自动分拣系统使用了这种具有 A、B 两相 90°相位差的通用型旋转编码器，用于计算工件在传送带上的位置。编码器直接连接到传送带主动轴上。该旋转编码器的三相脉冲采用 NPN 型集电极开路输出，分辨率 500 线，工作电源 DC 12～24V。本工作站没有使用 Z 相脉冲，A、B 两相输出端直接连接到 PLC（S7-224XPAC/DC/RLY 主站）的高速计数器输入端。

计算工件在传送带上的位置时，需确定每两个脉冲之间的距离即脉冲当量。自动分拣系统主动轴的直径为 $d=43$mm，则减速电动机每旋转一周，传送带上工件移动距离 $L=\pi \cdot d=3.14 \times 43mm=136.35$mm。故脉冲当量 μ 为 $\mu=L/500 \approx 0.273$mm。按图 2-5 所示的安装尺寸，当工件从下料口中心线移至传感器中心时，旋转编码器约发出 430 个脉冲；移至第一个推杆中心点时，约发出 614 个脉冲；移至第二个推杆中心点时，约发出 963 个脉冲；移至第二个推杆中心点时,约发出 1284 个脉冲。

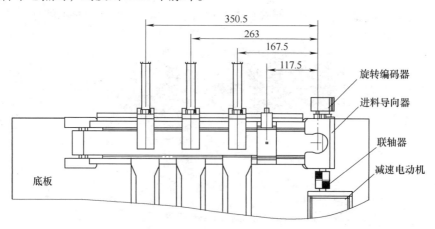

图 2-5　传送带位置计算用图

应该指出的是,上述脉冲当量的计算只是理论上的。实际上各种误差因素不可避免,例如传送带主动轴直径(包括传送带厚度)的测量误差,传送带的安装偏差、张紧度,自动分拣系统整体在工作台面上的定位偏差等,都将影响理论计算值。因此理论计算值只能作为估算值。脉冲当量的误差所引起的累积误差会随着工件在传送带上运动距离的增大而迅速增加,甚至达到不可容忍的地步。因而在自动分拣系统安装调试时,除了要仔细调整尽量减少安装偏差外,尚须现场测试脉冲当量值。

三、西门子 MM420 变频器简介

变频器安装应注意以下问题!

◆ 不允许把变频器安装在接近电磁辐射源的地方。

◆ 不允许把变频器安装在存在大气污染的环境中,例如,存在灰尘、腐蚀性气体等的环境中。

◆ 变频器的安装位置切记要远离有可能出现淋水的地方。例如,不要把变频器安装在水管的下面,因为水管的表面有可能结露。禁止把变频器安装在湿度过大和有可能出现结露的地方。

◆ 变频器不得卧式安装(水平位置)。

◆ 变频器可以一个挨一个地并排安装。

◆ 变频器的顶上和底部都至少要留有 100mm 的间隙。要保证变频器的冷却空气通道不被堵塞。

◆ 为了保证变频器的安全运行,必须由经过认证合格的人员进行安装和调试,这些人员应完全按照使用说明书在提出的警告指导下进行操作。

◆ 要特别注意,在安装具有危险电压的设备时,要遵守相关的常规和地方性安装和安全导则(例如,EN50178),而且要遵守有关正确使用工具和人身防护装置的规定。

◆ 即使变频器不处于运行状态,其电源输入线、直流回路端子和电动机端子上仍然可能带有危险电压。因此,断开开关以后还必须等待 5min,保证变频器放电完毕,再开始安

装工作。

◆ 变频器可以挨着安装。但是，如果安装在另一台变频器的上部或下部，相互间必须至少相距100mm。

（一）MM420变频器的安装和接线

西门子MM420（MICROMASTER420）是用于控制三相交流电动机速度的变频器系列。该系列有多种型号。YL-335B选用的MM420订货号为6SE6420-2UD17-5AA1，变频器外形如图2-6所示。该变频器额定参数为：电源电压：380～480V；三相交流额定输出功率：0.75kW；额定输入电流：2.4A；额定输出电流：2.1A；外形尺寸：A型；操作面板：基本操作板（BOP）。

图2-6 变频器外形

1. MM420变频器的安装和拆卸

在工程使用中，MM420变频器通常安装在配电箱内的DIN导轨上，MM420变频器安装和拆卸的步骤如图2-7所示。

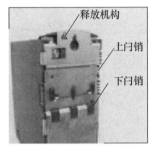
a) 变频器背面的固定机构

b) 在DIN导轨上安装变频器

c) 从导轨上拆卸变频器

图2-7 MM420变频器安装和拆卸的步骤

1）安装步骤：
① 用导轨的上闩销把变频器固定到导轨的安装位置上。
② 向导轨上按压变频器，直到导轨的下闩销嵌入到位。

2）从导轨上拆卸变频器的步骤：
① 为了松开变频器的释放机构，将螺钉旋具插入释放机构中。
② 向下施加压力，导轨的下闩销就会松开。
③ 将变频器从导轨上取下。

2. MM420变频器的接线

打开变频器的盖子后，就可以连接电源和电动机的接线端子。接线端子在变频器机壳下盖板内，机壳盖板的拆卸步骤如图2-8所示。

拆卸盖板后可以看到MM420变频器的接线端子如图2-9所示。

1）变频器主电路的接线。

自动分拣系统变频器主电路电源由配电箱通过断路器QF单独提供一路三相电源供给，电动机接线端子引出线则连接到电动机。注意，接地线PE必须连接到变频器接地端子，并连接到交流电动机的外壳。

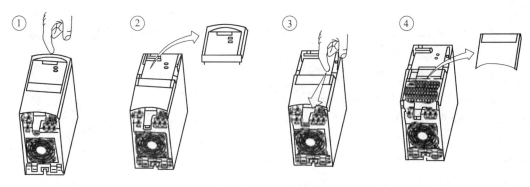

图 2-8 机壳盖板的拆卸步骤

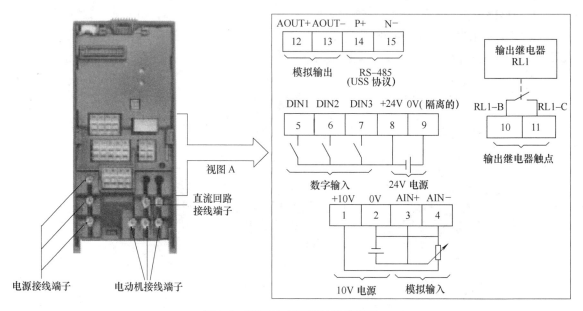

图 2-9 MM420 变频器的接线端子

2）MM420 变频器控制电路的接线如图 2-10 所示。

（二）MM420 变频器的 BOP 操作面板

BOP 操作面板外形如图 2-11 所示。利用 BOP 可以改变变频器的各个参数。BOP 具有 7 段显示的五位数字，可以显示参数的序号和数值，报警和故障信息，以及设定值和实际值。参数的信息不能用 BOP 存储。

基本操作面板（BOP）备有 8 个按钮，基本操作面板（BOP）上的按钮及其功能见表 2-5。

（三）MM420 变频器的参数

1. 参数号和参数名称

参数号是指该参数的编号。参数号用 0000～9999 的 4 位数字表示。在参数号的前面冠以一个小写字母"r"时，表示该参数是"只读"的参数。其他所有参数号的前面都冠以一个大写字母"P"。这些参数的设定值可以直接在标题栏的"最小值"和"最大值"范围内进行修改。[下标]表示该参数是一个带下标的参数，并且指定了下标的有效序号。通过下

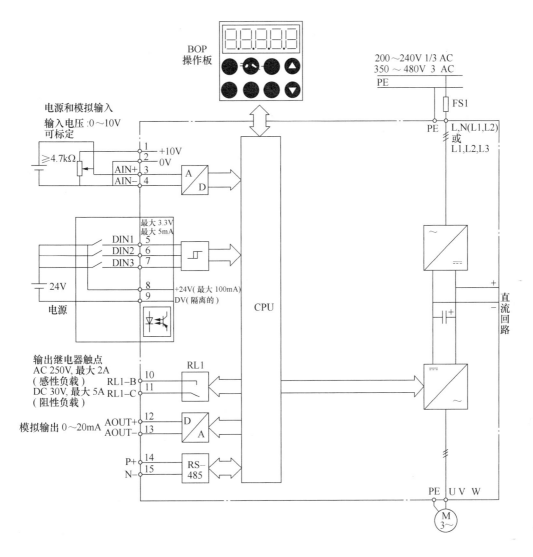

图 2-10 MM420 变频器控制电路的接线

标,可以对同一参数的用途进行扩展,或对不同的控制对象,自动改变所显示的或所设定的参数。

2. 参数设置方法

用 BOP 可以修改和设定系统参数,使变频器具有期望的特性,例如斜坡时间、最小和最大频率等。选择的参数号和设定的参数值在五位数字的 LCD 上显示。更改参数数值的步骤可大致归纳为:①查找所选定的参数号;②进入参数值访问级,修改参数值;③确认并存储修改好的参数值。

参数 P0004(参数过滤器)的作用是根据所选定的一组功能,对参数进行过滤(或筛选),并集中对过滤出的一组参数进行访问,从而可以更方便地进行调试。参数 P0004 的

图 2-11 BOP 操作面板

设定值见表2-6，默认的设定值为0。

表2-5 基本操作面板（BOP）上的按钮及其功能

显示/按钮	功能	功能的说明
`r0000`	状态显示	状态显示LCD显示变频器当前的设定值
ⓘ	停止变频器	OFF1：按此键，变频器将按选定的斜坡下降速率减速停车，以默认值运行时此键被封锁；为了允许此键操作，应设定P0700=1。OFF2：按此键两次（或一次，但时间较长）电动机将在惯性作用下自由停车。此功能总是"使能"的
↻	改变电动机的转动方向	按此键可以改变电动机的转动方向，电动机反向时，用负号表示或用闪烁的小数点表示。以默认值运行时此键是被封锁的，为了使此键的操作有效应设定P0700=1
jog	电动机点动	在变频器无输出的情况下按此键，将使电动机启动，并按预设定的点动频率运行。释放此键时，变频器停车。如果变频器/电动机正在运行，按此键将不起作用
Fn	功能	此键用于浏览辅助信息。 变频器运行过程中，在显示任何一个参数时按下此键并保持不动2s，将显示以下参数值（在变频器运行中从任何一个参数开始）： 1. 直流回路电压（用d表示–单位：V） 2. 输出电流（A） 3. 输出频率（Hz） 4. 输出电压（用o表示–单位：V） 5. 由P0005选定的数值[如果P0005选择显示上述参数中的任何一个（3，4或5），这里将不再显示]。 连续多次按此键将轮流显示以上参数。 跳转功能在显示任何一个参数（rXXXX或PXXXX）时短时间按下此键，将立即跳转到r0000，如果需要的话，您可以接着修改其他的参数。跳转到r0000后，按此键将返回原来的显示点
Ⓟ	访问参数	按此键即可访问参数
▲	增加数值	按此键即可增加面板上显示的参数数值
▼	减少数值	按此键即可减少面板上显示的参数数值

项目二 自动分拣系统设计与运行

表 2-6 参数 P0004 的设定值

设定值	所指定参数组意义	设定值	所指定参数组意义
0	全部参数	12	驱动装置的特征
2	变频器参数	13	电动机的控制
3	电动机参数	20	通信
7	命令,二进制 I/O	21	报警/警告/监控
8	模-数转换和数-模转换	22	工艺参量控制器(例如 PID)
10	设定值通道/RFG(斜坡函数发生器)		

假设参数 P0004 设定值 = 0,需要把设定值改为 3。改变参数 P0004 设定数值的步骤见表 2-7。

表 2-7 改变参数 P0004 设定数值的步骤

序号	操作内容	显示的结果
1	按 ⓟ 访问参数	r0000
2	按 ▲ 直到显示出 P0004	P0004
3	按 ⓟ 进入参数数值访问级	0
4	按 ▲ 或 ▼ 达到所需要的数值	3
5	按 ⓟ 确认并存储参数的数值	P0004
6	使用者只能看到命令参数	

(四) MM420 变频器的参数访问

MM420 变频器有数千个参数,为了能快速访问指定的参数,MM420 采用把参数分类,屏蔽(过滤)不需要访问的类别的方法实现。实现这种过滤功能的有如下几个参数:

1) 上面所述的参数 P0004 就是实现这种参数过滤功能的重要参数。当完成了 P0004 的设定以后再进行参数查找时,在 LCD 上只能看到 P0004 设定值所指定类别的参数。

2) 参数 P0010 是调试参数过滤器,对与调试相关的参数进行过滤,只筛选出那些与特定功能组有关的参数。P0010 的可能设定值为:0(准备),1(快速调试),2(变频器),29(下载),30(工厂的默认设定值);默认设定值为 0。

3) 参数 P0003 用于定义用户访问参数组的等级,设置范围为 1~4,其中:

"1"标准级:可以访问最经常使用的参数。

"2"扩展级:允许扩展访问参数的范围,例如变频器的 I/O 功能。

"3"专家级:只供专家使用。

"4"维修级:只供授权的维修人员使用,具有密码保护。

该参数默认设置为等级1（标准级），对于大多数简单的应用对象，采用标准级就可以满足要求了。用户可以修改设置值，但建议不要设置为等级4（维修级），用 BOP 或 AOP 操作板看不到第4访问级的参数。

【例1】用 BOP 进行变频器的"快速调试"包括电动机参数和斜坡函数的参数设定。并且，电动机参数的修改，仅当快速调试时有效。在进行"快速调试"以前，必须完成变频器的机械和电气安装。当选择 P0010 = 1 时，进行快速调试。

表 2-8 为自动分拣系统电动机参数设置表。

表 2-8 自动分拣系统电动机参数设置表

参数号	出厂值	设置值	说明
P0003	1	1	设用户访问级为标准级
P0010	0	1	快速调试
P0100	0	0	设置使用地区，0 = 欧洲，功率以 kW 表示，频率为 50Hz
P0304	400	380	电动机额定电压(V)
P0305	1.90	0.18	电动机额定电流(A)
P0307	0.75	0.03	电动机额定功率(kW)
P0310	50	50	电动机额定频率(Hz)
P0311	1395	1300	电动机额定转速(r/min)

快速调试的进行与参数 P3900 的设定有关，当其被设定为1时，快速调试结束后，要完成必要的电动机计算，并使其他所有的参数（P0010 = 1 不包括在内）复位为工厂的默认设置。当 P3900 = 1 并完成快速调试后，变频器已做好了运行准备。

【例2】将变频器复位为工厂的默认设定值。

如果用户在参数调试过程中遇到问题，并且希望重新开始调试，通常采用首先把变频器的全部参数复位为工厂的默认设定值，再重新调试的方法。为此，应按照下面的数值设定参数：①设定 P0010 = 30，②设定 P0970 = 1。按下 P 键，便开始参数的复位。变频器将自动地把它的所有参数都复位为它们各自的默认设置值。复位为工厂默认设置值的时间大约要 60s。

（五）常用参数设置举例

1. 命令信号源的选择（P0700）和频率设定值的选择（P1000）

1）P0700：这一参数用于指定命令源，P0700 的设定值见表 2-9，默认值为2。

表 2-9 P0700 的设定值

设定值	所指定参数值意义	设定值	所指定参数值意义
0	工厂的默认设置	4	通过 BOP 链路的 USS 设置
1	BOP(键盘)设置	5	通过 COM 链路的 USS 设置
2	由端子排输入	6	通过 COM 链路的通信板(CB)设置

注意，当改变这一参数时，同时也使所选项目的全部设置值复位为工厂的默认设置值。例如：把它的设定值由1改为2时，所有的数字输入都将复位为默认的设置值。

2）P1000：这一参数用于选择频率设定值的信号源。其设定值可达 0 ~ 66。默认的设置值为2。实际上，当设定值≥10时，频率设定值将来源于2个信号源的叠加。其中，主设定值由最低一位数字（个位数）来选择（即0～6），而附加设定值由最高一位数字（十位数）来选择（即x0～x6，其中，x=1～6）。下面只说明常用主设定值信号源的意义：

0：无主设定值。

1：MOP（电动电位差计）设定值。取此值时，选择基本操作板（BOP）的按键指定输出频率。

2：模拟设定值：输出频率由3-4端子两端的模拟电压（0～10V）设定。

3：固定频率：输出频率由数字输入端子DIN1～DIN3的状态指定。用于多段速控制。

5：通过COM链路的USS设定。即通过按USS协议的串行通信线路设定输出频率。

2. 电动机速度的连续调整

变频器的参数在出厂时，命令源参数P0700=2，指定命令源为"外部I/O"；频率设定值信号源P1000=2，指定频率设定信号源为"模拟量输入"。这时，只需在AIN+（端子③）与AIN-（端子④）加上模拟电压（DC 0～10V可调）；并使数字输入DIN1信号为ON，即可启动电动机实现电动机速度连续调整。

【例1】模拟电压信号从变频器内部DC 10V电源获得。

按图2-10（MM420变频器控制电路的接线）的接线，用一个4.7kΩ电位器连接内部电源+10V端（端子①）和0V端（端子②），中间抽头与AIN+（端子③）相连。连接主电路后接通电源，使DIN1端子的开关短接，即可启动/停止变频器，旋动电位器即可改变频率实现电动机速度连续调整。

电动机速度调整范围：上述电动机速度的调整操作中，电动机的最低速度取决于参数P1080（最低频率），最高速度取决于参数P2000（基准频率）。

参数P1080属于"设定值通道"参数组（P0004=10），默认值为0.00Hz。

参数P2000是串行链路，模拟I/O和PID控制器采用的满刻度频率设定值，属于"通信"参数组（P0004=20），默认值为50.00Hz。

如果默认值不满足电动机速度调整的要求范围，就需要调整这2个参数。另外需要指出的是，如果要求最高速度高于50.00Hz，则设定与最高速度相关的参数时，除了设定参数P2000外，尚须设置参数P1082（最高频率）。

参数P1082也属于"设定值通道"参数组（P0004=10），默认值为50.00Hz。即参数P1082限制了电动机运行的最高频率［Hz］。因此最高速度要求高于50.00Hz的情况下，需要修改P1082参数。

电动机运行的加、减速度的快慢，可用斜坡上升和下降时间表征，分别由参数P1120、P1121设定。这两个参数均属于"设定值通道"参数组，并且可在快速调试时设定。

P1120是斜坡上升时间，即电动机从静止状态加速到最高频率（P1082）所用的时间。设定范围为0～650s，默认值为10s。

P1121是斜坡下降时间，即电动机从最高频率（P1082）减速到静止停车所用的时间。设定范围为0～650s，默认值为10s。

注意：如果设定的斜坡上升时间太短，有可能导致变频器过电流跳闸；同样，如果设定的斜坡下降时间太短，有可能导致变频器过电流或过电压跳闸。

【例2】模拟电压信号由外部给定，电动机可正反转。

为此，参数 P0700（命令源选择）、P1000（频率设定值选择）应为默认设置，即 P0700 = 2（由端子排输入），P1000 = 2（模拟输入）。从模拟输入端③（AIN +）和④（AIN-）输入来自外部的 0 ~ 10V 直流电压（例如从 PLC 的 D/A 模块获得），即可连续调节输出频率的大小。

用数字输入端口 DIN1 和 DIN2 控制电动机的正反转方向时，可通过设定参数 P0701、P0702 实现。例如，使 P0701 = 1（DIN1 ON 接通正转，OFF 停止），P0702 = 2（DIN2 ON 接通反转，OFF 停止）。

3. 多段速控制

当变频器的命令源参数 P0700 = 2（外部 I/O），选择频率设定的信号源参数 P1000 = 3（固定频率），并设定数字输入端子 DIN1、DIN2、DIN3 等相应的功能后，就可以通过外接的开关器件的组合通断改变输入端子的状态实现电动机速度的有级调整。这种控制频率的方式称为多段速控制功能。

选择数字输入 1（DIN1）功能的参数为 P0701，默认值 = 1。
选择数字输入 2（DIN2）功能的参数为 P0702，默认值 = 12。
选择数字输入 3（DIN3）功能的参数为 P0703，默认值 = 9。

为了实现多段速控制功能，应该修改这 3 个参数，给 DIN1、DIN2、DIN3 端子赋予相应的功能。

参数 P0701、P0702、P0703 均属于"命令，二进制 I/O"参数组（P0004 = 7），参数 P0701、P0702、P0703 可能的设定值见表 2-10。

表 2-10　参数 P0701、P0702、P0703 可能的设定值

设定值	所指定参数值意义	设定值	所指定参数值意义
0	禁止数字输入	13	MOP（电动电位计）升速（增加频率）
1	接通正转/停车命令 1	14	MOP 降速（减少频率）
2	接通反转/停车命令 1	15	固定频率设定值（直接选择）
3	按惯性自由停车	16	固定频率设定值（直接选择 + ON 命令）
4	按斜坡函数曲线快速降速停车	17	固定频率设定值（二进制编码的十进制数（BCD 码）选择 + ON 命令）
9	故障确认	21	机旁/远程控制
10	正向点动	25	直流注入制动
11	反向点动	29	由外部信号触发跳闸
12	反转	33	禁止附加频率设定值
		99	使能 BICO 参数化

由表 2-10 可见，参数 P0701、P0702、P0703 设定值取值为 15、16、17 时，选择固定频率的方式确定输出频率（FF 方式）。这三种选择说明如下：

① 直接选择（P0701 ~ P0703 = 15）。

在这种操作方式下，一个数字输入选择一个固定频率。如果有几个固定频率输入同时被激活，选定的频率是它们的总和。例如：FF1 + FF2 + FF3。在这种方式下，还需要一个 ON 命令才能使变频器投入运行。

② 直接选择 + ON 命令（P0701 ~ P0703 = 16）。

选择固定频率时，既有选定的固定频率，又带有 ON 命令，把它们组合在一起。在这种操作方式下，一个数字输入选择一个固定频率。如果有几个固定频率输入同时被激活，选定的频率是它们的总和。例如：FF1 + FF2 + FF3。

③ 二进制编码的十进制数（BCD 码）选择 + ON 命令（P0701 ~ P0703 = 17）使用这种方法最多可以选择 7 个固定频率。各个固定频率的数值选择见表 2-11。

表 2-11 固定频率的数值选择

		DIN3	DIN2	DIN1
	OFF	不激活	不激活	不激活
P1001	FF1	不激活	不激活	激活
P1002	FF2	不激活	激活	不激活
P1003	FF3	不激活	激活	激活
P1004	FF4	激活	不激活	不激活
P1005	FF5	激活	不激活	激活
P1006	FF6	激活	激活	不激活
P1007	FF7	激活	激活	激活

综上所述，为实现多段速控制的参数设置步骤如下：

设置 P0004 = 7，选择"外部 I/O"参数组，然后设定 P0700 = 2；指定命令源为"由端子排输入"。

设定 P0701、P0702、P0703 = 15 ~ 17，确定数字输入 DIN1、DIN2、DIN3 的功能。

设置 P0004 = 10，选择"设定值通道"参数组，然后设定 P1000 = 3，指定频率设定值信号源为固定频率。

设定相应的固定频率值，即设定参数 P1001 ~ P1007 有关对应项。

例如要求电动机能实现正反转和高、中、低三种转速的调整，高速时运行频率为 40Hz，中速时运行频率为 25Hz，低速时运行频率为 15Hz。3 段固定频率控制参数表见表 2-12。

表 2-12 3 段固定频率控制参数表

步骤号	参数号	出厂值	设置值	说　　　明
1	P0003	1	1	设用户访问级为标准级
2	P0004	0	7	命令组为命令和数字 I/O
3	P0700	2	2	命令源选择"由端子排输入"
4	P0003	1	2	设用户访问级为扩展级
5	P0701	1	16	DIN1 功能设定为固定频率设定值（直接选择 + ON）
6	P0702	12	16	DIN2 功能设定为固定频率设定值（直接选择 + ON）
7	P0703	9	12	DIN3 功能设定为接通时反转
8	P0004	0	10	命令组为设定值通道和斜坡函数发生器
9	P1000	2	3	频率给定输入方式设定为固定频率设定值
10	P1001	0	25	固定频率 1
11	P1002	5	15	固定频率 2

设置上述参数后，将 DIN1 置为高电平，DIN2 置为低电平，变频器输出 25Hz（中速）；将 DIN1 置为低电平，DIN2 置为高电平，变频器输出 15Hz（低速）；将 DIN1 置为高电平，DIN2 置为高电平，变频器输出 40Hz（高速）；将 DIN3 置为高电平，电动机反转。

【项目设计】

自动分拣系统的安装与调试包括自动分拣系统的机械安装、气动控制回路的设计与安装、自动分拣系统的 PLC 控制等。根据所完成功能，正确选用所提供元件及机械零部件。本站工作的主令信号和工作状态显示信号要求用按钮/指示灯模块。

根据以上任务要求完成机械零部件安装结构测绘、气动控制回路的设计、电气控制回路设计、PLC 程序设计等内容。

一、自动分拣系统零部件结构测绘设计

将已经拆散的自动分拣系统的零件，组装成以下部件，并测绘。机械部件安装完成时的效果图如图 2-12 所示。

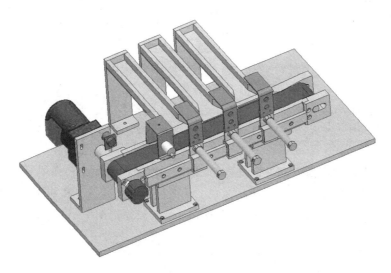

图 2-12 机械部件安装完成时的效果图

首先把自动分拣系统各零件组合成整体安装时的组件，然后把组件进行组装。所组合成的组件包括传送机构、驱动电动机组件、气缸和传感器支架等。

二、气动控制回路设计

做一做

气动控制回路是本工作站的执行机构，该执行机构的逻辑控制功能是由 PLC 实现的。要求三个推料气缸的初始位置均设定在缩回状态，三个推料气缸分别对金属、白料和黑料工件进行推送，根据以上条件，设计自动分拣系统的气动控制回路，填写表 2-13。

项目二　自动分拣系统设计与运行

表 2-13　自动分拣系统的气动控制回路图设计记录单

课程名称		自动化生产线安装与调试		总学时:90	
项目二		自动分拣系统设计与运行		参考学时:	
班级		团队负责人		团队成员	
项目设计方案一	使用元件:				
	工作原理:				
项目设计方案二	使用元件:				
	工作原理:				
最优方案					
设计方法					
相关资料及资源	校本教材、实训指导书、视频录像、PPT 课件等				

三、电气控制回路设计

电气控制回路的设计包括 PLC 电源接线图及装置侧端口信号端子的分配。在自动分拣系统装置侧完成各传感器、电磁阀、电源端子等引线到装置侧接线端口之间的接线；在 PLC 侧进行电源连接、I/O 点接线等。自动分拣系统装置侧接线端口信号端子的分配表见表 2-14。由于用于判别工件材料和芯体颜色属性的传感器只需安装在传感器支架上的电感式传感器和一个光纤传感器，故光纤传感器 2 可不使用。

表 2-14　自动分拣系统装置侧的接线端口信号端子的分配表

输入端口中间层			输出端口中间层		
端子号	设备符号	信号线	端子号	设备符号	信号线
2			2		
3			3		
4			4		
5					
6					
7					
8					
9					
10					
11					
12#～17#端子没有连接			5#～14#端子没有连接		

接线时应注意，装置侧接线端口中，输入信号端子的上层端子（24V）只能作为传感器的正电源端，切勿用于电磁阀等执行元件的负载。电磁阀等执行元件的正电源端和0V端应连接到输出信号端子下层端子的相应端子上。装置侧接线完成后，应用扎带绑扎，力求整齐美观。PLC侧的接线，包括电源接线，PLC的I/O点和PLC侧接线端口之间的连线，PLC的I/O点与按钮指示灯模块的端子之间的连线。具体接线要求与工作任务有关。电气接线的工艺应符合国家职业标准的规定，例如，导线连接到端子时，采用压紧端子压接方法；连接线须有符合规定的标号；每一端子连接的导线不超过2根等。

自动分拣系统PLC选用S7-224XP AC/DC/RLY主站，共14点输入和10点继电器输出。选用S7-224XP主站的原因是，当变频器的频率设定值由HMI指定时，该频率设定值是一个随机数，需要由PLC通过D-A转换方式向变频器输入模拟量的频率指令，以实现电动机速度连续调整。S7-224XP主站集成有2路模拟量输入、1路模拟量输出，有两个RS-485通信口，可满足D-A转换的编程要求。

本项目工作任务仅要求以30Hz的固定频率驱动电动机运转，只需用固定频率方式控制变频器即可。本例中，选用MM420的端子"5"（DIN1）作电动机起动和频率控制，PLC的信号表见表2-15。

表2-15 PLC的信号表

输入信号			输出信号			
序号	PLC输入点	信号名称	信号来源	序号	PLC输出点	信号名称	信号输出目标
1				1			
2				2			
3				3			
4				4			
5				5			
6				6			
7				7			
8				8			
9				9			
10				10			
11							
12							
13							
14							

为了实现固定频率输出，变频器的参数应如下设置：

- 命令源P0700=2（外部I/O），选择频率设定的信号源参数P1000=3（固定频率）。
- DIN1功能参数P0701=16（直接选择 + ON命令），P1001=30Hz。
- 斜坡上升时间参数P1120设定为1s，斜坡下降时间参数P1121设定为0.2s。

注：由于驱动电动机功率很小，此参数设定不会引起变频器过电压跳闸。

项目二　自动分拣系统设计与运行

根据以上端子侧及 PLC 侧接线符号表，设计电气控制回路图，填写表 2-16。

表 2-16　自动分拣系统的电气控制回路图设计记录单

课程名称	自动化生产线安装与调试		总学时:90
项目二	自动分拣系统设计与运行		参考学时:
班级		团队负责人	团队成员
项目设计方案一	使用传感器元件及型号：		
	使用主令电器元件及型号：		
	使用指示灯型号：		
项目设计方案二	使用传感器元件及型号：		
	使用主令电器元件及型号：		
	使用指示灯型号：		
最优方案			
设计方法			
相关资料及资源	校本教材、实训指导书、视频录像、PPT 课件、包装码垛生产线电气工程原理图等		

四、PLC 程序设计

做一做

具体的控制要求为：

1) 设备的工作目标是完成对白色芯金属工件、白色芯塑料工件和黑色芯的金属或塑料工件进行分拣。为了在分拣时准确推出工件，要求使用旋转编码器做定位检测。并且工件材料和芯体颜色属性应在推料气缸前的适当位置被检测出来。

2) 设备上电和气源接通后，若工作站的三个气缸均处于缩回位置，则"正常工作"指示灯 HL1 常亮，表示设备准备好。否则，该指示灯以 1Hz 频率闪烁。

3) 若设备准备好，按下启动按钮，系统启动，"设备运行"指示灯 HL2 常亮。当传送带入料口人工放下已装配的工件时，变频器即启动，驱动传动电动机以频率固定为 30Hz 的速度，把工件带往分拣区。

如果工件组合外壳为金属件，则该工件组合到达 1 号滑槽中间，传送带停止，工件组合被推到 1 号槽中；如果工件组合芯体为白色芯塑料，则该工件组合到达 2 号滑槽中间，传送带停止，工件组合被推到 2 号槽中；如果工件组合芯体为黑色芯，则该工件组合到达 3 号滑槽中间，传送带停止，工件组合被推到 3 号槽中。工件组合被推出滑槽后，该工作站的一个工作周期结束。仅当工件被推出滑槽后，才能再次向传送带下料。如果在运行期间按下停止按钮，该工作站在本工作周期结束后停止运行。

根据以上控制要求，画出自动分拣系统的工艺过程，用梯形图编写分拣控制子程序。

【项目实现】

一、机械结构安装

根据工作任务要求，自动分拣系统机械装配可按如下 4 个阶段进行：

1）完成传送机构的组装，装配传送带装置及其支座，然后将其安装到底板上。图 2-13 为传送机构组件安装。

2）完成驱动电动机组件装配，进一步装配联轴器，把驱动电动机组件与传送机构相连接并固定在底板上，图 2-14 为驱动电动机组件安装。

3）继续完成推料气缸支架、推料气缸、传感器支架、出料槽及支撑板等装配，图 2-15 为机械部件安装完成时的效果图。上述三个阶段的详细安装过程，请参阅自动分拣系统装配幻灯片。

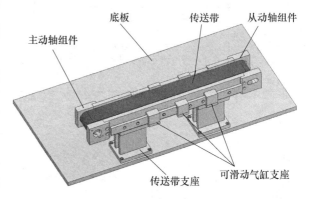

图 2-13 传送机构组件安装

4）最后完成各传感器、电磁阀组件、装置侧接线端口等的装配。图 2-16 为自动分拣系统机械安装效果图。

5）安装注意事项：

① 传送带托板与传送带两侧板的固定位置应调整好，以免传送带安装后凹入侧板表面，造成推料被卡住的现象。

② 主动轴和从动轴的安装位置不能错，主动轴和从动轴的安装板的位置不能相互调换。

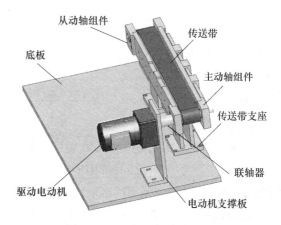

图 2-14 驱动电动机组件安装

③ 传送带的张紧度应调整适中。

④ 要保证主动轴和从动轴的平行。

⑤ 为了使传动部分平稳可靠，噪声减小，特使用滚动轴承为动力回转件，但滚动轴承及其安装配合零件均为精密结构件，对其拆装需一定的技能和专用的工具，建议不要自行拆卸。

项目二　自动分拣系统设计与运行

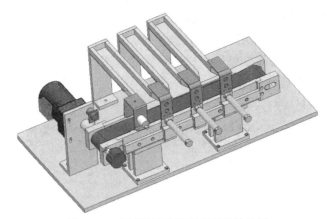

图 2-15　机械部件安装完成时的效果图

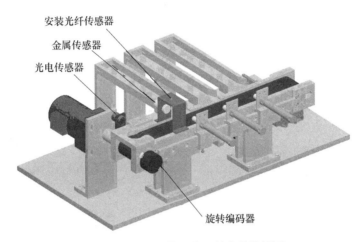

图 2-16　自动分拣系统机械安装效果图

二、气路连接和调试

连接步骤：从汇流排开始，按照设计的气动控制回路原理图连接电磁阀、气缸。连接时注意气管走向应按序排布，均匀美观，不能交叉、打折；气管要在快速接头中插紧，不能够有漏气现象。

气路调试包括：

1）磁阀上的手动换向加锁钮验证顶料气缸和推料气缸的初始位置和动作位置是否正确。

2）气缸节流阀用以控制活塞杆的往复运动速度，伸出速度以不推倒工件为准。

三、电气接线

电气接线包括：在工作站装置侧完成各传感器、电磁阀、电源端子等引线到装置侧接线端口之间的接线；在PLC侧进行电源连接、I/O点接线等。

四、自动分拣系统单站控制

（一）高速计数器的编程

高速计数器的编程方法有两种：一是采用梯形图或语句表进行正常编程；二是通过

STEP 7-Micro/WIN 编程软件进行引导式编程。不论哪一种方法，都先要根据计数输入信号的形式与要求确定计数模式；然后选择计数器编号，确定输入地址。自动分拣系统所配置的 PLC 是 S7-224 XP AC/DC/RLY 主站，集成有 6 点的高速计数器，编号为 HSC0～HSC5，每一编号的计数器均分配有固定地址的输入端。同时，高速计数器可以被配置为 12 种模式中的任意一种。S7-200 PLC 的 HSC0～HSC5 输入地址和计数模式见表 2-17。

表 2-17 S7-200 PLC 的 HSC0～HSC5 输入地址和计数模式

模式	中断描述	输入点			
	HSC0	I0.0	I0.1	I0.2	
	HSC1	I0.6	I0.7	I1.0	I1.1
	HSC2	I1.2	I1.3	I1.4	I1.5
	HSC3	I0.1			
	HSC4	I0.3	I0.4	I0.5	
	HSC5	I0.4			
0	带有内部方向控制的单相计数器	时钟			
1		时钟		复位	
2		时钟		复位	启动
3	带有外部方向控制的单相计数器	时钟	方向		
4		时钟	方向	复位	
5		时钟	方向	复位	启动
6	带有增减计数时钟的双相计数器	增时钟	减时钟		
7		增时钟	减时钟	复位	
8		增时钟	减时钟	复位	启动
9	A/B 相正交计数器	时钟 A	时钟 B		
10		时钟 A	时钟 B	复位	
11		时钟 A	时钟 B	复位	启动

根据自动分拣系统旋转编码器输出的脉冲信号形式（A/B 相正交脉冲，Z 相脉冲不使用，无外部复位和启动信号），由表 2-17 容易确定，所采用的计数模式为模式 9，选用的计数器为 HSC0，B 相脉冲从 I0.0 输入，A 相脉冲从 I0.1 输入，计数倍频设定为 4 倍频。

自动分拣系统高速计数器编程要求较简单，不考虑中断子程序、预置值等。使用引导式编程，很容易自动生成符号地址为"HSC_INIT"的子程序。子程序 HSC_INIT 如图 2-17 所示。引导式编程的步骤从略，请参考 S7-200 系统手册。

清单在主程序块中使用 SM0.1（上电首次扫描 ON）调用此子程序，即完成高速计数器定义并启动计数器。

例：旋转编码器脉冲当量的现场测试。

前面已经指出，根据传送带主动轴直径计算旋转编码器的脉冲当量，其结果只是一个估算值。在自动分拣系统安装调试时，除了要仔细调整尽量减少安装偏差外，尚须现场测试脉冲当量值。测试步骤如下：

1）分拣系统安装调试时，必须仔细调整电动机与主动轴联轴的同心度和传送带的张紧

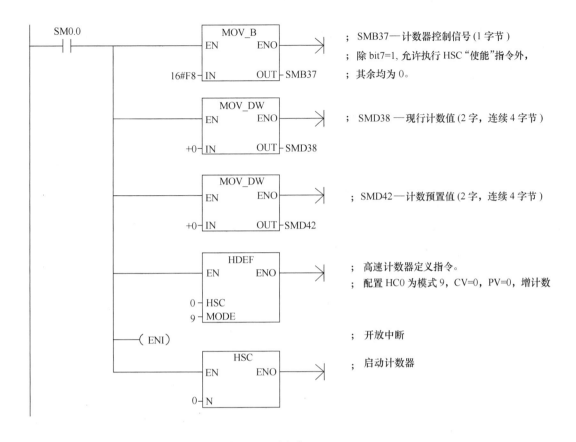

图 2-17 子程序 HSC_ INIT

度。调节张紧度的两个调节螺栓应平衡调节，避免传送带运行时跑偏。传送带张紧度以电动机在输入频率为 1Hz 时能顺利启动，低于 1Hz 时难以启动为宜。测试时可把变频器设置为在 BOP 操作板进行操作（启动/停止和频率调节）的运行模式，即设定参数 P0700 = 1（使能 BOP 操作板上的启动/停止按钮），P1000 = 1（使能电动电位计的设定值）。

2）调整结束后，变频器参数设置为：

P0700 = 2（指定命令源为"由端子排输入"）；

P0701 = 16（确定数字输入 DIN1 为"直接选择 + ON"命令）；

P1000 = 3（频率设定值选择为固定频率）；

P1001 = 25Hz（DIN1 的频率设定值）。

3）PC 上用 STEP 7-Micro/WIN 编程软件编写 PLC 程序，脉冲当量现场测试主程序如图 2-18 所示，编译后传送到 PLC。

4）运行 PLC 程序，并置于监控方式。在传送带进料口中心处放下工件后，按启动按钮启动运行。工件被传送到一段较长的距离后，按下停止按钮停止运行。观察 STEP 7-Micro/WIN 软件监控界面上 VD0 的读数，将此值填写到表 2-18 的"高速计数脉冲数"一栏中。然后在传送带上测量工件移动的距离，把测量值填写到表中"工件移动距离"一栏中；计算高速计数脉冲数/4 的值，填写到"编码器脉冲数"一栏中，则脉冲当量 μ 的计算值 = 工件移动距离/编码器脉冲数，填写表 2-18。

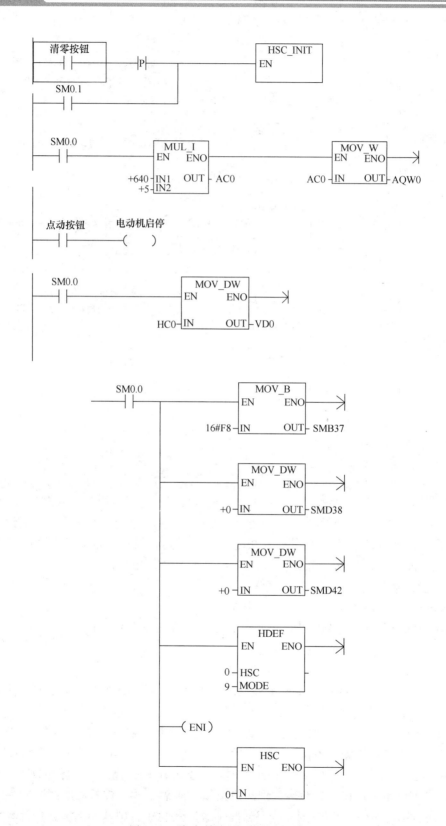

图 2-18　脉冲当量现场测试主程序

项目二 自动分拣系统设计与运行

表 2-18 脉冲当量现场测试数据

序号	工件移动距离（测量值）	高速计数脉冲数（测试值）	编码器脉冲数（计算值）	脉冲当量 μ（计算值）
第一次				
第二次				
第三次				

5）重新把工件放到进料口中心处，按下启动按钮即可进行第二次测试。进行三次测试后，求出脉冲当量 μ 平均值为：$\mu = (\mu_1 + \mu_2 + \mu_3)/3$。

按如图 2-16 所示的安装位置测量计算旋转编码器到各位置应发出的脉冲数：当工件从下料口中心线移至传感器中心时，旋转编码器发出 456 个脉冲；移至第一个推杆中心点时，发出 650 个脉冲；移至第二个推杆中心点时，约发出 1021 个脉冲；移至第三个推杆中心点时，约发出 1361 个脉冲。上述数据 4 倍频后，就是高速计数器 HC0 经过值。

在本项工作任务中，编程高速计数器的目的，是根据 HC0 当前值确定工件位置，与存储到指定的变量存储器的特定位置数据进行比较，以确定程序的流向。特定位置数据是：
- 进料口到传感器位置的脉冲数为 1800，存储在 VD10 站中（双整数）。
- 进料口到推杆 1 位置的脉冲数为 2600，存储在 VD14 站中。
- 进料口到推杆 2 位置的脉冲数为 4000，存储在 VD18 站中。
- 进料口到推杆 3 位置的脉冲数为 5400，存储在 VD22 站中。

可以使用数据块来对上述 V 存储器赋值，在 STEP 7-Micro/WIN 界面项目指令树中，选择数据块→用户定义 1；在所出现的数据页界面上逐行键入 V 存储器起始地址、数据值及其注释（可选），允许用逗号、制表符或空格作地址和数据的分隔符号。使用数据块对 V 存储器赋值，如图 2-19 所示。

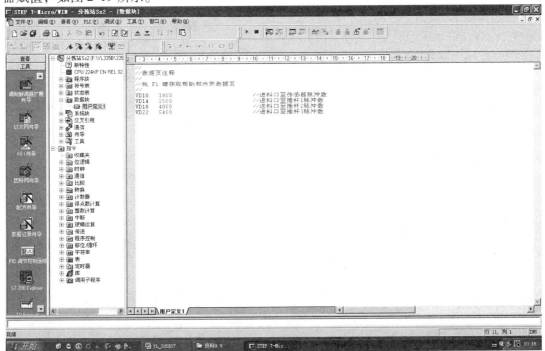

图 2-19 使用数据块对 V 存储器赋值

注意：特定位置数据均从进料口开始计算，因此，每当待分拣工件下料到进料口，电动机开始起动时，必须对HC0的当前值（存储在SMD38中）进行一次清零操作。

（二）程序结构

1) 自动分拣系统的主要工作过程是分拣控制，可编写一个子程序供主程序调用，工作状态显示的要求比较简单，可直接在主程序中编写。

2) 主程序的流程与前面所述的供料、加工等站是类似的。但由于用高速计数器编程，必须在上电第1个扫描周期调用 HSC_INIT 子程序，以定义并使能高速计数器。主程序的编制，请读者自行完成。

3) 分拣控制子程序也是一个步进顺控程序，编程思路如下：

① 当检测到待分拣工件下料到进料口后，清零HC0当前值，以固定频率起动变频器驱动电动机运转。分拣控制子程序初始步梯形图如图2-20所示。

② 当工件经过安装传感器支架上的光纤探头和电感式传感器时，根据2个传感器动作与否，判别工件的属性，决定程序的流向。HC0当前值与传感器位置值的比较可采用触点比较指令实现。在传感器位置判别工件属性的梯形图如图2-21所示。

③ 根据工件属性和分拣任务要求，在相应的推料气缸位置把工件推出。推料气缸返回后，步进顺控子程序返回初始步。这部分程序的编制，也请读者自行完成。

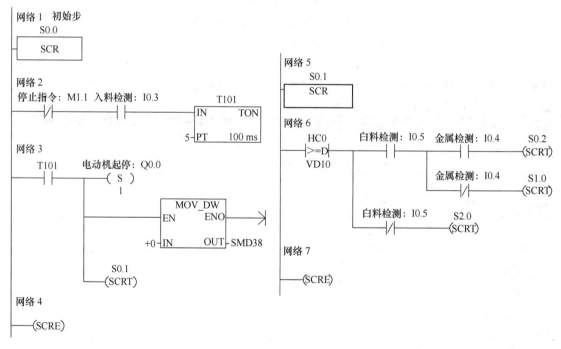

图2-20 分拣控制子程序初始步梯形图　　　图2-21 在传感器位置判别工件属性的梯形图

【项目运行】

1) 调整气动部分，检查气路是否正确，气压是否合理，气缸的动作速度是否合理。

2) 检查磁性开关的安装位置是否到位，磁性开关工作是否正常。

3）检查 I/O 接线是否正确。

4）检查光电传感器安装是否合理，灵敏度是否合适，保证检测的可靠性。

5）放入工件，运行程序看加工站动作是否满足任务要求。

6）调试各种可能出现的情况，比如在任何情况下都有可能加入工件，系统都要能可靠工作。

7）优化程序。

在完成自动分拣系统的设计与运行过程中，学生填写表 2-19 和表 2-20，教师要把学生的设计及完成情况填入表 2-21 中。

表 2-19 安装与调试完成情况表

步骤	内容	计划时间	实际时间	完成情况
1	整个练习的工作计划			
2	制订安装计划			
3	线路描述和项目执行图样			
4	写材料清单和领料			
5	机械部分安装			
6	传感器安装			
7	气路安装			
8	连接各部分器件			
9	按质量要求各点检查整个设备			
10	项目各部分设备的测试			
11	对老师发现和提出的问题进行回答			
12	整个装置的功能调试			
13	如果必要,则排除故障			
14	该任务成绩的评估			

表 2-20 调试运行记录表

观察项目	运行情况			
光纤传感器 1				
光纤传感器 2				
进料口工件检测				
电感式传感器				
旋转编码器 B 相				
旋转编码器 A 相				
推杆 1 推出到位				
推杆 2 推出到位				
推杆 3 推出到位				

表 2-21 考核评价表

项目名称	项目内容	训练要求	学生自评	教师评分
自动分拣系统的设计与运行	1. 工作计划和图样(20分) 工作计划、材料清单、气路图、电路图、程序清单	电路绘图错误每处扣1分;旋转编码器绘制错误扣2分;主电路绘制错误每处扣0.5分;电路符号不规范每处扣0.5分,最多扣3分		
	2. 部件安装与连接(20分)	装配未能完成,扣3分;装配完成,有部件未坚固现象,扣1分		
	3. 连接工艺(20分) 电路连接工艺;气路连接工艺;机械安装及装配工艺	端子连接,插针压接不牢或超过2根导线,每处扣0.5分,端子连接处没有信号,每处扣0.5分,两项最多扣3分;电路接线没有捆扎或电路接线凌乱,扣2分;旋转编码器接线错误,扣1.5分;气路连接未完成或有错误,每处扣2分;气路连接有漏气现象,每处扣1分;气缸节流阀调整不当,每处扣1分;气管没有绑扎或气路连接凌乱,扣2分		
	4. 测试与功能(30分) 传送带功能;气缸推料功能;整个装置全面检测	启动/停止方式不按控制要求,扣1分;运行测试不满足要求,每处扣0.5分		
	5. 职业素养与安全意识(10分)	现场操作安全保护符合安全操作规程;工具摆放、物品包装、导线线头等的处理符合职业岗位的要求;团队合作有分工有合作;配合紧密;遵守纪律,尊重教师,爱惜设备和器材,保持工位的整洁		

评分表:_____级_____班
工作形式(请在采用方式前打√)
___个人___小组分工___小组
时间:
项目所用时间:( )学时

【工程训练】

在分拣单元安装超声波传感器,能测量不同组合工件的高度,并编写工件高度测量的方案和程序。

一、测量不同组合工件的高度

工件的组合高度如图 2-22 所示。

高度 68mm

高度 28mm

高度 40mm

图 2-22 工件的组合高度

二、S18UIA 超声波传感器在传送带上的安装

超声波传感器安装位置示意图如图 2-23 所示。

三、超声波传感器的接线

超声波传感器的外部接线图及接线原理图如图 2-24 和图 2-25 所示。

图 2-23　超声波传感器安装位置示意图

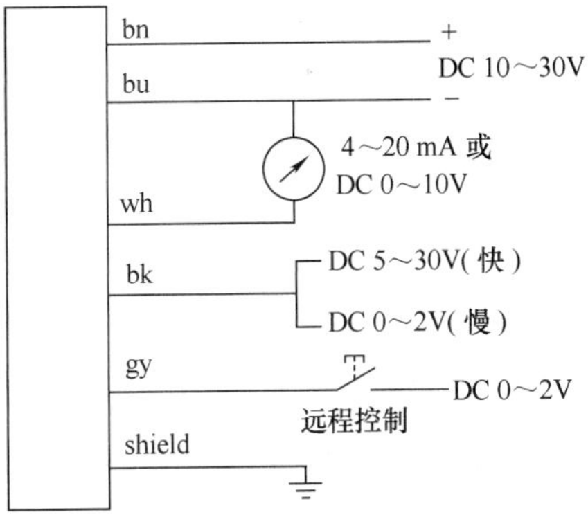

图 2-24　超声波传感器外部接线图

棕色（bn）：24V；

蓝色（bu）：0V（模拟量输出公共端）；

白色（wh）：模拟量输出端；

黑色（bk）：开关量信号端；

灰色（gy）：远程终端；

屏蔽线（shield）：接地端。

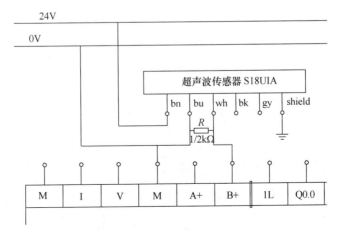

图 2-25　超声波传感器接线原理图

四、用 S7-224XP PLC 作控制器

(一) 工件高度测量方法简介

1) 采用直线位移传感器配合气动元件的检测方法。
2) 采用超声波传感器的检测方法。

检测原理:超声波传感器发射超声波的脉冲,该脉冲以一定的速度在空气中传播。一部分能量被目标物反射回传感器。传感器测量出超声波到达目标物并且返回传感器所需要的总时间,依照下式推算出传感器到目标物的距离:

$$D = c \cdot t / 2$$

式中 D——传感器到目标物的距离;
  c——空气中的声速,大约是 0.34m/ms;
  t——超声波脉冲的传输时间。

为了提高精度,超声波传感器将几个测量值进行平均,然后再输出。

超声波传感器的检测方法的优点是:非接触式测量、测量范围大、精度高。

(二) 编程思路

S18UIA 传感器输出为 4~20mA 的电流,西门子 224XP 系列 PLC 模拟量输入为 0~10V,满量程为 0~32000;所以在模拟量输出端外加 500Ω 的电阻转化为 2~10V 的电压。

数字量与模拟量输出间的数值关系如图 2-26 所示。数字量与模拟量转换程序如图 2-27 所示。

此处实例:下限高度为 28mm;上限高度为 68mm;由公式 $y = kx + b$ 可以计算出 $k = 650$;$b = -12200$。

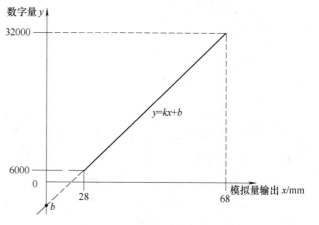

图 2-26 数字量与模拟量输出间的数值关系

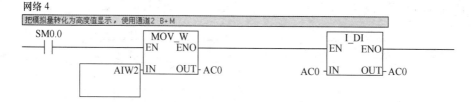

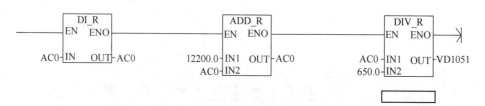

图 2-27 数字量与模拟量转换程序

首先把模拟量转化成数字量的值读出来,放到累加寄存器AC0内,然后把AC0内的值转化成实数,进行实数运算,按照公式 $y = kx + b$ 和图2-27,要得到 x 的值,首先把 b 的值进行补偿计算,然后再除以斜率 k 的值,得到高度值存放在VD1051中。

自动分拣系统气动控制参考回路图如图2-28所示,自动分拣系统电气控制参考回路图如图2-29所示。自动分拣系统装置侧的接线端口信号端子的分配见表2-22,PLC的信号表见表2-23。

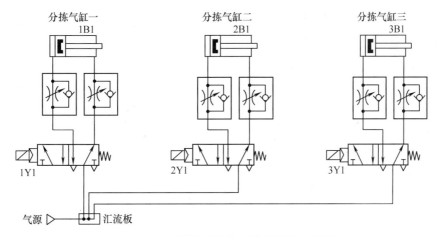

图2-28　自动分拣系统气动控制参考回路图

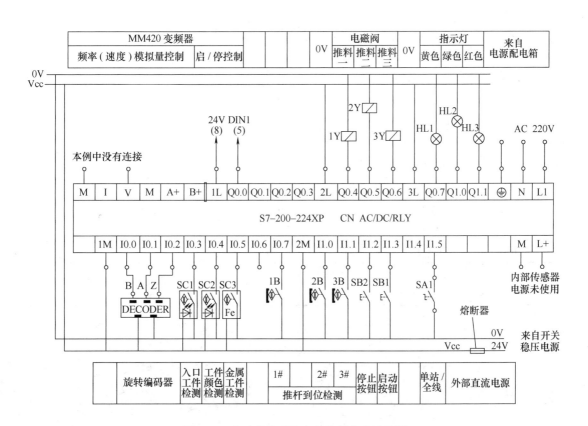

图2-29　自动分拣系统电气控制参考回路图

表 2-22　自动分拣系统装置侧的接线端口信号端子的分配

输入端口中间层			输出端口中间层		
端子号	设备符号	信号线	端子号	设备符号	信号线
2	DECODE	旋转编码器 B 相	2	1Y	推杆 1 电磁阀
3		旋转编码器 A 相	3	2Y	推杆 2 电磁阀
4	SC1	光纤传感器 1	4	3Y	推杆 3 电磁阀
5	SC2	光纤传感器 2			
6	SC3	进料口工件检测			
7	SC4	电感式传感器			
8					
9	1B	推杆 1 推出到位			
10	2B	推杆 2 推出到位			
11	3B	推杆 3 推出到位			
12#~17#端子没有连接			5#~14#端子没有连接		

表 2-23　PLC 的信号表

	输入信号				输出信号		
序号	PLC 输入点	信号名称	信号来源	序号	PLC 输出点	信号名称	信号输出目标
1	I0.0	旋转编码器 B 相		1	Q0.0	电动机启动	变频器
2	I0.1	旋转编码器 A 相		2	Q0.1		
3	I0.2	光纤传感器 1		3	Q0.2		
4	I0.3	光纤传感器 2		4			
5	I0.4	进料口工件检测	装置侧	5	Q0.3		
6	I0.5	电感式传感器		6	Q0.4		
7	I0.6			7	Q0.5		
8	I0.7	推杆 1 推出到位		8	Q0.6		
9	I1.0	推杆 2 推出到位		9	Q0.7	HL1	按钮/指示灯模块
10	I1.1	推杆 3 推出到位		10	Q1.0	HL2	
11	I1.2	启动按钮	按钮/指示灯模块				
12	I1.3	停止按钮					
13	I1.4						
14	I1.5	单站/全线					

项目三
装配生产线设计与运行

项目名称	装配生产线的设计与运行	参考学时	40 学时
项目导入	项目来源于教育部主办的高职高专的自动化生产线安装与调试技能大赛,要求完成自动化生产线实训考核装置安装,根据赛项任务要求进行程序编制。要求通过机械手装置将自动供料机构、自动冲压机、自动组装机、自动分拣系统进行系统运行调试。		
项目目标	通过项目的设计与实现掌握装配生产线的设计与实现方法,了解装配生产线的通信技术,掌握如何通过触摸屏的应用将各类自动机械构成自动线,掌握装配生产线的故障诊断与排除方法。项目完成的过程中,达到如下目标: 1. 培养学生能查阅相关技术手册及正确解读技术文件的能力; 2. 熟练进行机械、气动、电气元件的拆装及调试能力; 3. 熟练使用机械工具、测绘工具及电器仪表能力; 4. 使用计算机处理技术文件(包括 AutoCAD 绘图)能力; 5. 正确设计电路图、气路图能力; 6. 进行触摸屏界面设置网络组建及各自动机控制程序设计能力; 7. 解决装配线安装与运行过程中出现的常见问题; 8. 考取可编程序控制系统设计师职业资格证书(三级)。 9. 培养获取新信息和查找相关资料的能力,培养解决问题及优化决策的能力,培养工艺意识、成本意识、质量意识和安全意识,培养团队协作能力、沟通表达能力。		
项目要求	完成装配生产线的设计与安装调试,项目具体要求如下: 1. 完成自动供料机、自动冲压机及分拣系统等自动机的连接 2. 完成装配生产线气动控制回路的设计 3. 完成装配生产线电气控制回路的设计 4. 完成装配生产线中各自动机联机调试PLC的程序设计、触摸屏程序的设计 5. 完成装配生产线的安装、调试运行 6. 针对装配生产线在调试过程中出现的故障现象,正确对其进行维修		
实施思路	根据本项目的项目要求,完成项目实施思路如下: 1. 机械结构设计及零部件测绘加工,时间8学时 2. 气动控制回路的设计及元件选用,时间6学时 3. 电气控制回路设计及传感器等元件选用,时间8学时 4. PLC控制程序编制,时间10学时 5. 触摸屏程序设计,时间4学时 6. 安装与调试,时间4学时		

【项目构思】

一、项目分析

装配生产线的工作目标是：对一批金属或白色塑料或黑色塑料工件进行嵌入零件装配和压紧加工，然后按规格要求分拣成品。

成品规格要求为：金属工件应嵌入白色或黑色芯体，白色工件嵌入金属或黑色芯体，黑色工件嵌入白色或金属芯体，符合规格的成品工件组合如图3-1所示。经分拣检出不合规格的工件，人工拆除芯体后，送回组装机和自动冲压机再装配和压紧。

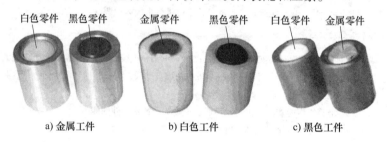

图3-1 符合规格的成品工件组合

本项目的完成，对应用于制造业各类包含供料、冲压、装配、分拣等自动化生产线的设计运行有很大帮助，并能够对同类全自动生产线进行工艺分析，完成装配线整机的安装与调试、维修。

在项目完成过程中可以采用实操法、竞赛法、项目引导法、案例教学法、演示法、任务驱动教学法等教学方法，完成装配线的构思、设计、运行和实现。

通过完成对自动供料机的构思、设计、运行、实现，能够使学生对机械及电器元件进行正确拆装，对非标零件进行测绘；完成常用传感器的接线及调整；完成气路和电路设计；用PLC完成对装配生产线的过程控制。装配生产线配置了5个自动机，构成一个典型的自动生产线的机械平台，体现了较强的柔性。系统的控制方式采用每一工作机由一台PLC承担其控制任务，各PLC之间通过RS-485串行通信实现互联，从而构成分布式的控制系统。系统主令工作信号由连接到输送站PLC的触摸屏人机界面提供，整个系统的主要工作状态除了在人机界面上显示外，尚须由安装在组装机的警示灯显示上电复位、启动、停止、报警等状态。

通过完成装配生产线整体的安装与调试，让学生掌握自动化生产线的结构、原理，能正确完成自动化生产线设备安装及气路的连接，并能够进行电路设计和连接以及程序的编制和调试，同时学会常见故障的分析检修方法。

二、项目实施条件

1）装配生产线机械零部件。
2）气动技术系列教材、常用气动元件使用手册。
3）传感器技术系列教材、常用传感器使用手册。

4）S7-200 PLC 原理及应用系列参考书。
5）自动化生产线系列教材。
6）导线、气管、扎带、网孔板等供学生使用。
7）螺钉旋具、尖嘴钳、万用表等电工常用工具。
8）工作服、安全帽、绝缘鞋等劳保用品，学生每人一套。
9）所需元件明细表见表 3-1（型号只做参考）。

表 3-1　元件明细表

序号	名称	型号	数量/每套
1	单电控电磁换向阀	二位五通电磁换向阀	2
2	双电控电磁换向阀	二位五通电磁换向阀	2
3	光电传感器	CX-441（E3Z-L61）	2
4	光电传感器	MHT15-N2317	1
5	电感式传感器	电感式接近开关	
6	磁性开关		7
7	双作用气缸	CDJ2B16X85	1
8	双作用气缸	CDJ2B16X30	1
9	接线端子排	二层接线端子	1
10	接线端子排	三层接线端子	2
11	控制按钮盒	控制盒	1
12	可编程序控制器	S7-200 系列	1
13	触摸屏	TPC7062KS	1

【项目设计】

装配生产线的控制方式采用每一自动机由一台 PLC 承担其控制任务，各 PLC 之间通过 RS-485 串行通信实现互联的分布式控制方式。组建成网络后，系统中每一个自动机就可以组合，完成产品的装配分拣。

本项目设计完成主要包括自动机设备安装、气动控制回路设计、电气控制回路设计、程序编制设计、网络组建和人机界面设置等内容。

PLC 网络的具体通信模式，取决于所选厂家的 PLC 类型。装配生产线的各自动机 PLC 选用 S7-200 系列，通信方式采用 PPI 协议通信。

PPI 协议是 S7-200 CPU 最基本的通信方式，通过原来自身的端口（PORT0 或 PORT1）就可以实现通信，是 S7-200 默认的通信方式。

PPI 是一种主从协议通信，主从站在一个令牌环网中，主站发送要求到从站器件，从站器件响应；从站器件不发信息，只是等待主站的要求并对要求做出响应。如果在用户程序中使用 PPI 主站模式，就可以在主站程序中使用网络读写指令来读写从站信息。而从站程序没有必要使用网络读写指令。

让我们想个办法把自动机连接到一起吧！

一、装配生产线辅助装置输送机械手装置的设计

直线运动传动组件和抓取机械手装置组装图如图 3-2 所示。

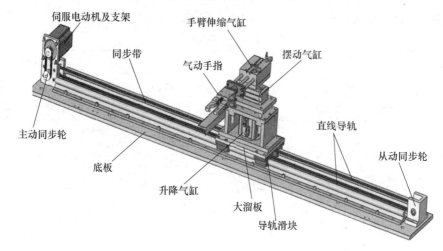

图 3-2 直线运动传动组件和抓取机械手装置组装图

输送机械手是装配生产线中最为重要，同时也是承担任务最为繁重的辅助装置。该装置主要是使驱动抓取机械手装置精确定位到指定自动机的物料台，并在物料台上抓取工件，然后把抓取到的工件输送到指定地点后放下。

（一）了解输送装置的结构与工作过程

输送装置的工艺功能是：驱动其抓取机械手装置精确定位到指定工作机的物料台，在物料台上抓取工件，把抓取到的工件输送到指定地点然后放下。它接收来自触摸屏的系统主令信号，读取网络上各从站的状态信息，加以综合后，向各从站发送控制要求，协调整个系统的工作。

输送装置由抓取机械手装置、直线运动传动组件、拖链装置、PLC 模块和接线端口以及按钮/指示灯模块等部件组成。图 3-3 为输送装置机械部分。

1. 抓取机械手装置

抓取机械手装置是一个能实现三自由度运动（即升降、伸缩、气动手指夹紧/松开和沿垂直轴旋转的四维运动）的机械手，该装置整体安装在直线运动传动组件的滑动溜板上，在传动组件带动下整体做直线往复运动，定位到其他各自动机

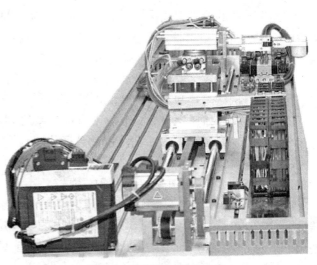

图 3-3 输送装置机械部分

的物料台，然后完成抓取和放下工件的功能。图3-4为抓取机械手装置。

具体构成如下：

1）气动手爪：用于在各个工作站物料台上抓取/放下工件，由一个二位五通双向电磁换向阀控制（符号及原理在项目一提到）。

2）伸缩气缸：用于驱动手臂伸出缩回，由一个二位五通单向电磁换向阀控制。

3）气动摆台：用于驱动手臂正反向90°旋转，由一个二位五通单向电磁换向阀控制。

4）提升气缸：用于驱动整个机械手提升与下降，由一个二位五通单向电磁换向阀控制。

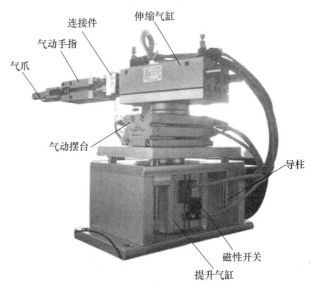

图3-4　抓取机械手装置

2. 直线运动传动组件

直线运动传动组件用以拖动抓取机械手装置做往复直线运动，完成精确定位的功能。图3-5为直线运动传动组件俯视图。

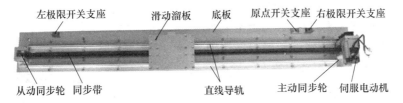

图3-5　直线运动传动组件俯视图

图3-6为直线运动传动组件和抓取机械手装置。

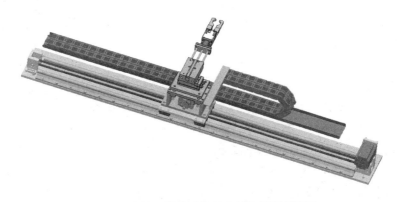

图3-6　直线运动传动组件和抓取机械手装置

传动组件由直线导轨底板、伺服电动机及伺服驱动器、同步轮、同步带、直线导轨、滑动溜板、拖链和原点接近开关、左/右极限开关组成。

伺服电动机由伺服电动机驱动器驱动，通过同步轮和同步带带动滑动溜板沿直线导轨做往复直线运动。从而带动固定在滑动溜板上的抓取机械手装置做往复直线运动。同步轮齿距为 5mm，共 12 个齿，即旋转一周搬运机械手位移 60mm。

抓取机械手装置上所有气管和导线沿拖链敷设，进入线槽后分别连接到电磁阀组和接线端口上。

原点接近开关和左、右极限开关安装在直线导轨底板上，原点开关和右极限开关如图 3-7 所示。

图 3-7 原点开关和右极限开关

原点接近开关是一个无触点的电感式接近传感器，用来提供直线运动的起始点信号。关于电感式接近传感器的工作原理及选用、安装注意事项请参阅项目一（自动供料机设计与运行）。

左、右极限开关均是有触点的微动开关，用来提供越程故障时的保护信号。当滑动溜板在运动中越过左或右极限位置时，极限开关会动作，从而向系统发出越程故障信号。

在气动控制回路中，驱动摆动气缸和气动手指气缸的电磁阀采用的是二位五通双电控电磁阀，双电控电磁阀示意图如图 3-8 所示。双电控电磁阀与单电控电磁阀的区别在于，对于单电控电磁阀，在无电控信号时，

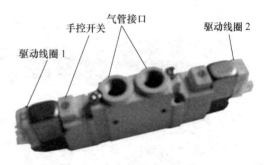

图 3-8 双电控电磁阀示意图

阀芯在弹簧力的作用下会被复位，而对于双电控电磁阀，在两端都无电控信号时，阀芯的位置是取决于前一个电控信号。

注意：双电控电磁阀的两个电控信号不能同时为"1"，即在控制过程中不允许两个线圈同时得电，否则，可能会造成电磁线圈烧毁，当然，在这种情况下阀芯的位置是不确定的。

在输送装置中使用了薄型气缸、回转气缸、手指气缸、双杆气缸等。图 3-9 为气缸外形图。

（二）认知伺服电动机及伺服驱动器

现代高性能的伺服系统，大多数采用永磁交流伺服系统，其中包括永磁同步交流伺服电动机和全数字交流永磁同步伺服驱动器两部分。

1. 交流伺服电动机的工作原理

伺服电动机内部的转子是永久磁铁，驱动器控制的 U、V、W 三相电形成电磁场，转子

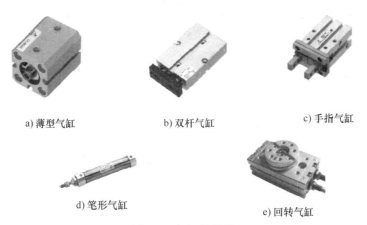

a) 薄型气缸　　　b) 双杆气缸　　　c) 手指气缸

d) 笔形气缸　　　e) 回转气缸

图 3-9　气缸外形图

在此磁场的作用下转动，同时电动机自带的编码器反馈信号给驱动器，驱动器根据反馈值与目标值进行比较，调整转子转动的角度。伺服电动机的精度决定于编码器的精度（线数）。

交流永磁同步伺服驱动器主要由伺服控制单元、功率驱动单元、通信接口单元、伺服电动机及相应的反馈检测器件组成，其中伺服控制单元包括位置控制器、速度控制器、转矩和电流控制器等。系统控制结构如图 3-10 所示。

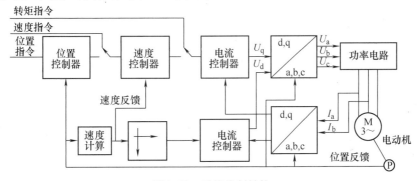

图 3-10　系统控制结构

伺服驱动器均采用数字信号处理器（DSP）作为控制核心，其优点是可以实现比较复杂的控制算法，实现数字化、网络化和智能化。功率器件普遍采用以智能功率模块（IPM）为核心设计的驱动电路，IPM 内部集成了驱动电路，同时具有过电压、过电流、过热、欠电压等故障检测保护电路，在主电路中还加入软启动电路，用以减小启动过程对驱动器的冲击。

功率驱动单元首先通过整流电路对输入的三相电进行整流，得到相应的直流电。再通过三相正弦 PWM 电压型逆变器变频来驱动三相永磁式同步交流伺服电动机。逆变部分（DC-AC）采用功率器件集成驱动电路、保护电路和功率开关为一体的智能功率模块（IPM），主要拓扑结构是采用了三相桥式电路，三相逆变电路原理图如图 3-11 所示。该电路利用了脉宽调制 PWM（Pulse Width Modulation）技术，通过改变功率晶体管交替导通的时间来改变逆变器输出波形的频率，改变每半周期内晶体管的通断时间比，也就是说通过改变脉冲宽度来改变逆变器输出电压幅值的大小以达到调节功率的目的。

2. 交流伺服系统的位置控制模式

1）伺服驱动器输出到伺服电动机的三相电压波形基本是正弦波（谐波被绕组电感滤

除），而不像步进电动机那样是三相脉冲序列，即使从位置控制器输入的是脉冲信号。

2）伺服系统用作定位控制时，位置指令输入到位置控制器，速度控制器输入端前面的电子开关切换到位置控制器输出端，同样，电流控制器输入端前面的电子开关切换到速度控制器输出端。因此，位置控制模式下的伺服系统是一个三闭环控制系统，两个内环分别是电流环和速度环。

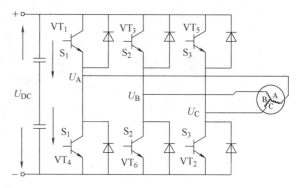

图 3-11 三相逆变电路原理图

由自动控制理论可知，这样的系统结构提高了系统的快速性、稳定性和抗干扰能力。在足够高的开环增益下，系统的稳态误差接近为零。这就是说，在稳态时，伺服电动机以指令脉冲和反馈脉冲近似相等时的速度运行。反之，在达到稳态前，系统将在偏差信号作用下驱动电动机加速或减速。若指令脉冲突然消失（例如紧急停车时，PLC 立即停止向伺服驱动器发出驱动脉冲），伺服电动机仍会运行到反馈脉冲数等于指令脉冲消失前的脉冲数才停止。

3. 位置控制模式下电子齿轮的概念

位置控制模式下，等效的单闭环位置控制系统框图如图 3-12 所示。

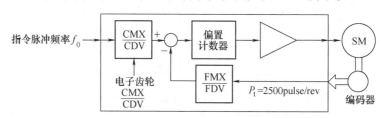

图 3-12 等效的单闭环位置控制系统框图

图中，指令脉冲信号和电动机编码器反馈脉冲信号进入驱动器后，均通过电子齿轮变换才进行偏差计算。电子齿轮实际是一个分-倍频器，合理搭配它们的分-倍频值，可以灵活地设置指令脉冲的行程。

例如 YL-335B 自动化生产线所使用的松下 MINAS A5 系列 AC 伺服电动机驱动器，电动机编码器反馈脉冲为 2500pulse/rev。默认情况下，驱动器反馈脉冲电子齿轮分-倍频值为 4 倍频。如果希望指令脉冲为 6000pulse/rev，那么就应把指令脉冲电子齿轮的分-倍频值设置为 10000/6000。从而实现 PLC 每输出 6000 个脉冲，伺服电动机旋转一周，驱动机械手恰好移动 60mm 的整数倍关系。具体设置方法将在下一节说明。

（三）松下 MINAS A5 系列 AC 伺服电动机驱动器

关于驱动器的外观、铭牌内容及型号说明如图 3-13、

图 3-13 驱动器外观图

图 3-14 和图 3-15 所示。

图 3-14 驱动器铭牌内容

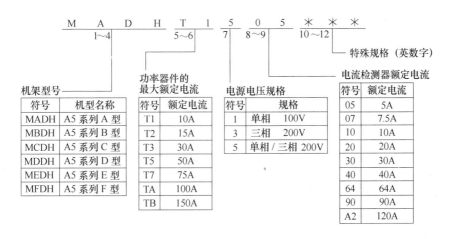

图 3-15 驱动器型号说明

在 YL-335B 的输送单元上，采用了松下 MHMD022G1U 永磁同步交流伺服电动机，及 MADHT1507E 全数字交流永磁同步伺服驱动装置作为运输机械手的运动控制装置。

MHMD022G1U 的含义：MHMD 表示电动机类型为大惯量，02 表示电动机的额定功率为 200W，2 表示电压规格为 200V，G 表示编码器为增量式编码器，脉冲数为 20 位，输出信号线数为 5 根线。

1. MADHT1507E 的含义

MADH 表示松下 A5 系列 A 型驱动器，T1 表示最大额定电流为 10A，5 表示电源电压规格为单相/三相 200V，07 表示电流监测器额定电流为 7.5A。

伺服驱动器的面板图如图 3-16 所示。

2. 伺服电动机及驱动器的硬件接线

MADHT1507E 伺服驱动器面板上有多个接线端口，其中：

XA：电源输入接口，AC 220V 电源连接到 L1、L3 主电源端子，同时连接到控制电源端子 L1C、L2C 上。

XB：电动机接口和外置再生放电电阻器接口。U、V、W 端子用于连接电动机。必须注意，电源电压务必按照驱动器铭牌上的指示，电动机接线端子（U、V、W）不可以接地或短路，交流伺服电动机的旋转方向不像感应电动机可以通过交换三相相序来改变，必须保证

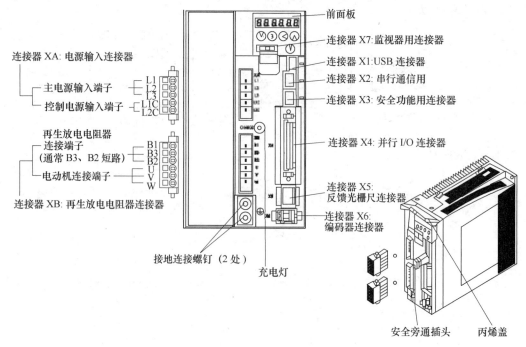

图 3-16 伺服驱动器的面板图

驱动器上的 U、V、W、E 接线端子与电动机主电路接线端子按规定的次序一一对应,否则可能造成驱动器的损坏。电动机的接线端子和驱动器的接地端子以及滤波器的接地端子必须保证可靠地连接到同一个接地点上。机身也必须接地。B1、B3、B2 端子是外接放电电阻,YL-335B 没有使用外接放电电阻。

X6：连接到电动机编码器信号接口,连接电缆应选用带有屏蔽层的双绞电缆,屏蔽层应接到电动机侧的接地端子上,并且应确保将编码器电缆屏蔽层连接到插头的外壳（FG）上。

X4：I/O 控制信号端口,其部分引脚信号定义与选择的控制模式有关,不同模式下的接线请参考《松下 A5 系列伺服电机手册》。输送机械手的伺服电动机用于定位控制,选用位置控制模式。所采用的是简化接线方式,伺服驱动器电气接线图如图 3-17、图 3-18 所示。

3. 伺服驱动器的参数设置与调整

松下的伺服驱动器有七种控制运行方式,即位置控制、速度控制、转矩控制、位置/速度控制、位置/转矩控制、速度/转矩控制、全闭环控制。位置控制方式就是输入脉冲串来使电动机定位运行,电动机转速与脉冲串频率相关,电动机转动的角度与脉冲个数相关；速度控制方式有两种,一是通过输入直流 -10V 至 10V 指令电压调速,二是选用驱动器内设置的内部速度来调速；转矩控制方式是通过输入直流 -10V 至 10V 指令电压调节电动机的输出转矩,这种方式下运行必须要进行速度限制,有如下两种方法：1）设置驱动器内的参数来限制；2）输入模拟量电压限速。

4. 参数设置方式操作说明

MADHT1507E 伺服驱动器的参数共有 218 个,Pr000 ~ Pr639,可以在驱动器的面板上进行设置。驱动器参数设置面板如图 3-19 所示。伺服驱动器面板按钮的说明见表 3-2。

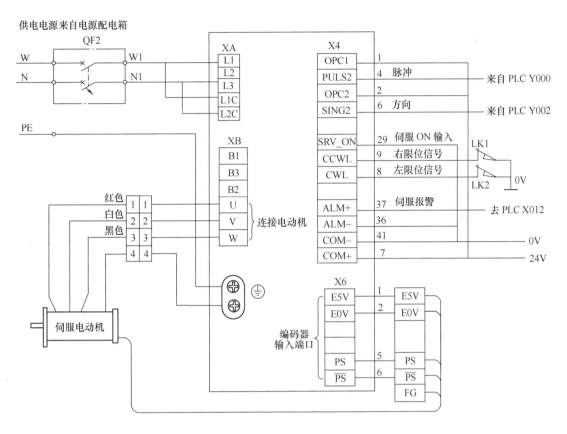

图 3-17 伺服驱动器电气接线图（1）

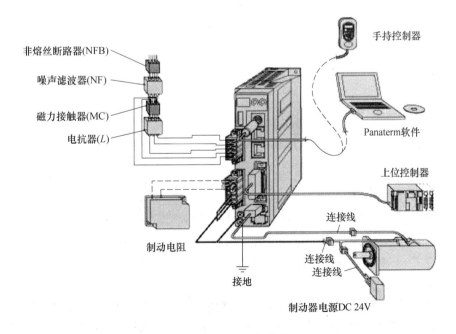

图 3-18 伺服驱动器电气接线图（2）

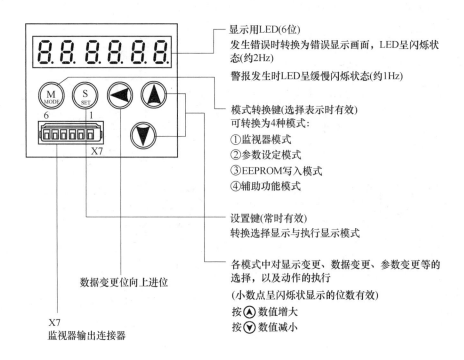

图 3-19　驱动器参数设置面板

表 3-2　伺服驱动器面板按钮的说明

按键说明	激活条件	功　能
MODE	在模式显示时有效	在以下 5 种模式之间切换：1）监视器模式；2）参数设置模式；3）EEPROM 写入模式；4）自动调整模式；5）辅助功能模式
SET	一直有效	用来在模式显示和执行显示之间切换
▲　▼	仅对小数点闪烁的那一位数据位有效	改变各模式里的显示内容、更改参数、选择参数或执行选中的操作
◀		把移动的小数点移动到更高位数

面板操作说明：

1）参数设置，先按"Set"键，再按"Mode"键选择到"Pr00"后，按向上、下或向左的方向键选择通用参数的项目，按"Set"键进入。然后按向上、下或向左的方向键调整参数，调整完后，按"S"键返回。选择其他项再调整。

2）参数保存，按"M"键选择到"EE-SET"后按"Set"键确认，出现"EEP-"，然后按向上键 3s，出现"FINISH"或"reset"，然后重新上电即保存。

5. 部分参数说明

装配机械手的伺服驱动装置工作于位置控制模式，S7-226 的 Q0.0 输出脉冲作为伺服驱动器的位置指令，脉冲的数量决定伺服电动机的旋转位移，即机械手的直线位移，脉冲的频率决定了伺服电动机的旋转速度，即机械手的运动速度，S7-226 的 Q0.1 输出脉冲作为伺服驱动器的方向指令。控制要求较为简单时,伺服驱动器可采用自动增益调整模式。根据上述要求,伺服驱动器参数设置见表 3-3。

表 3-3 伺服驱动器参数设置

序号	参数编号	参数名称	设置数值	功能和含义
1	Pr5.28	LED 初始状态	1	显示电动机转速
2	Pr0.01	控制模式	0	位置控制(相关代码 P)
3	Pr5.04	驱动禁止输入设定	2	当左或右限位动作时,则会发生 Err38 行程限位禁止输入信号出错报警。设置此参数值必须在控制电源断电重启之后才能修改、写入成功
4	Pr0.04	惯量比	250	—
5	Pr0.02	实时自动增益设置	1	实时自动调整为标准模式,运行时负载惯量的变化情况很小
6	Pr0.03	实时自动增益的机械刚性选择	13	此参数值设得越大,响应越快
7	Pr0.06	指令脉冲旋转方向设置	1	
8	Pr0.07	指令脉冲输入方式	3	
9	Pr0.08	电动机每旋转一转的脉冲数	6000	—

6. 安全注意事项

伺服驱动器安装注意事项见表 3-4。

表 3-4 伺服驱动器安装注意事项

序号	注意事项	导致结果
1	在搬运时不要抓导线或电动机的轴部	会引发受伤事故
2	在进行搬运、设置作业时要注意,以防落下、滑倒	会引发受伤、故障
3	不要在产品上放置重物	会引发触电、受伤、故障、破损
4	不要在受日光直接照射的地方使用	会引发受伤、火灾事故
5	不要堵塞放热孔,也不要放入异物	会引发触电、火灾事故
6	不要使产品受到较强的冲击	会引发故障
7	不要使电动机的轴部受到较强的冲击	会引发检测器等的故障
8	不要频繁地开、关驱动器主电源、切勿在主电源侧用电磁接触器进行电动机的运转	会引发故障和停止
9	不要将电动机内置制动器作为停止正在运行负荷的"制动用途"	会引发受伤、故障
10	在停电结束、恢复供电时,有可能出现突然再启动的情况,故请勿靠近机器	确保人身安全
11	绝对不可自行改造、分解、修理	会引发受伤事故
12	要根据设备本体的净重、产品的额定输出进行妥善安装	当不进行适当的安装、设置时会引发受伤、故障
13	不要在电动机、驱动器及周边机器的周围放置阻碍通风的障碍物	因障碍物所造成的温度上升会引发烧伤、火灾事故

(四) S7-200 PLC 的脉冲输出功能及位控编程

S7-200 有两个内置 PTO/PWM 发生器,用以建立高速脉冲串(PTO)或脉宽调节

（PWM）信号波形。一个发生器指定给数字输出点 Q0.0，另一个发生器指定给数字输出点 Q0.1。当组态一个输出为 PTO 操作时，生成一个 50% 占空比脉冲串用于伺服电动机的速度和位置的开环控制。内置 PTO 功能提供了脉冲串输出，脉冲周期和数量可由用户控制。但应用程序必须通过 PLC 内置 I/O 提供方向和限位控制。

为了简化用户应用程序中位控功能的使用，STEP 7-Micro/WIN 提供的位控向导可以帮助用户在很短的时间内全部完成 PWM、PTO 或位控模块的组态。向导可以生成位置指令，用户可以用这些指令在其应用程序中为速度和位置提供动态控制。

1. 开环位控用于步进电动机或伺服电动机的基本信息

借助位控向导组态 PTO 输出时，需要用户提供一些基本信息，逐项介绍如下：

（1）最大速度（MAX_SPEED）和启动/停止速度（SS_SPEED） 图 3-20 为最大速度和启动/停止速度示意。MAX_SPEED 是允许的操作速度的最大值，它应在电动机力矩能力的范围内。驱动负载所需的力矩由摩擦力、惯性以及加速/减速时间决定。

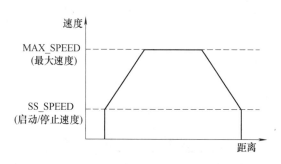

图 3-20 最大速度和启动/停止速度示意

SS_SPEED 的数值应满足电动机在低速时驱动负载的能力，如果 SS_SPEED 的数值过低，电动机和负载在运动的开始和结束可能会摇摆或颤动。如果 SS_SPEED 的数值过高，电动机会在启动时丢失脉冲，并且负载在试图停止时会使电动机超速。通常，SS_SPEED 值是 MAX_SPEED 值的 5%～15%。

（2）加速和减速时间 加速时间 ACCEL_TIME：电动机从 SS_SPEED 加速到 MAX_SPEED 所需的时间。减速时间 DECEL_TIME：电动机从 MAX_SPEED 减速到 SS_SPEED 所需要的时间。

加速时间和减速时间的默认设置都是 1000ms。通常，电动机可在小于 1000ms 的时间内工作。加速和减速时间如图 3-21 所示。这 2 个值设定时要以毫秒为单位。电动机的加速和失速时间通常要经过测试来确定。开始时，应输入一个较大的值。逐渐减少这个时间值直至电动机开始失速，从而优化应用中的这些设置。

（3）移动包络 一个包络是一个预先定义的移动描述，它包括一个或多个速度，

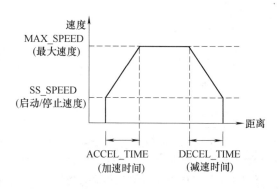

图 3-21 加速和减速时间

影响着从起点到终点的移动。一个包络由多段组成,每段包含一个达到目标速度的加速/减速过程和以目标速度匀速运行的一串固定数量的脉冲。

位控向导提供移动包络定义界面,应用程序所需的每一个移动包络均可在这里定义。PTO 支持最大 100 个包络。定义一个包络,包括如下几点:①选择操作模式;②为包络的各步定义指标;③为包络定义一个符号名。

① 选择包络的操作模式:PTO 支持相对位置和单一速度的连续转动两种模式。一个包络的操作模式如图 3-22 所示,相对位置模式指运动的终点位置是从起点侧开始计算的脉冲数量。单速连续转动则不需要提供终点位置,PTO 一直持续输出脉冲,直至有其他命令发出,例如到达原点要求停发脉冲。

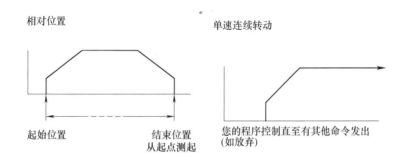

图 3-22　一个包络的操作模式

② 包络中的步:一个步是工件运动的一个固定距离,包括加速和减速时间内的距离。PTO 每一包络最大允许 29 个步。每一步包括目标速度和结束位置或脉冲数目等几个指标。图 3-23 为包络的步数示意,一步、两步、三步和四步包络。注意一步包络只有一个常速段,两步包络有两个常速段,依次类推。步的数目与包络中常速段的数目一致。

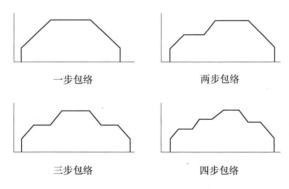

图 3-23　包络的步数示意

2. 使用位控向导编程步骤

STEP 7 Micro/WIN V4.0 软件的位控向导能自动处理 PTO 脉冲的单段管线和多段管线、脉宽调制、SM 位置配置和创建包络表。

下面给出一个简单工作任务例子,阐述使用位控向导编程的方法和步骤。表 3-5 为伺服电动机运行的运动包络。

表 3-5 伺服电动机运行的运动包络

运动包络	站点	脉冲量	移动方向
1	自动供料机→冲压机 470mm	85600	
2	冲压机→组装机 286mm	52000	
3	组装机→自动分拣系统 235mm	42700	
4	自动分拣系统→高速回零前 925mm	168000	DIR
5	低速回零	单速返回	DIR

使用位控向导编程的步骤如下：

1）为 S7-200 PLC 选择选项组态内置 PTO 操作。

在 STEP 7 Micro/WIN V4.0 软件命令菜单中选择"工具→位置控制向导"，即开始引导位置控制配置。在向导弹出的第 1 个界面，选择配置 S7-200 PLC 内置 PTO/PWM 操作。在第 2 个界面中选择"Q0.0"作脉冲输出。组态内置 PTO 操作选择界面如图 3-24 所示，请选择"线性脉冲串输出（PTO）"，并点选使用高速计数器 HSC0（模式 12）对 PTO 生成的脉冲自动计数的功能。单击"下一步"就开始了组态内置 PTO 操作。

2）接下来的两个界面，要求设定电动机速度参数，包括前面所述的最高电动机速度 MAX_ SPEED 和电动机启动/停止速度 SS_ SPEED，以及加速时间 ACCEL_ TIME 和减速时间 DECEL_ TIME。

请在对应的编辑框中输入这些数值。例如，输入最高电动机速度"90000"，把电动机启动/停止速度设定为"600"，加速时间 ACCEL_ TIME 和减速时间 DECEL_ TIME 分别设定为 1000（ms）和 200（ms）。完成给位控向导提供基本信息的工作。单击"下一步"，开始配置运动包络界面。

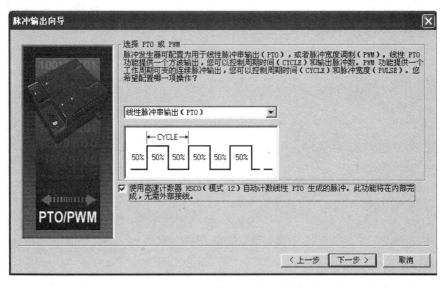

图 3-24 组态内置 PTO 操作选择界面

3）图 3-25 为配置运动包络的界面。该界面要求设定操作模式、1 个步的目标速度、结束位置等步的指标，以及定义这一包络的符号名。（从第 0 个包络第 0 步开始）

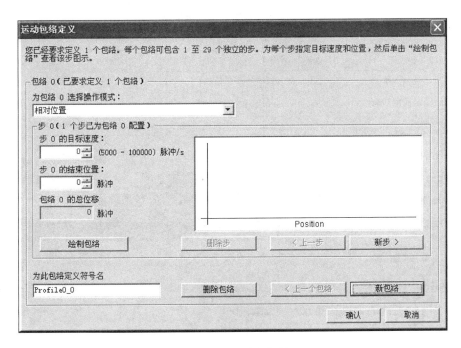

图 3-25　配置运动包络界面

在操作模式选项中选择相对位置控制，填写包络"0"中数据目标速度"60000"，结束位置"85600"，单击"绘制包络"，设置第 0 个包络如图 3-26 所示，注意，这个包络只有 1 步。包络的符号名按默认定义（Profile0_ 0）。这样，第 0 个包络的设置，即从供料站→加工站的运动包络设置就完成了。现在可以设置下一个包络，单击"新包络"，按上述方法将表 3-6 包络表的位置数据中前三行的 3 个位置数据输入包络中去。

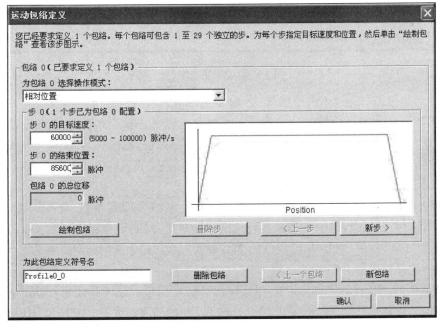

图 3-26　设置第 0 个包络

表 3-6 包络表的位置数据

站点	距离	位移脉冲量	目标速度	移动方向
冲压机→组装机	286mm	52000	60000	
组装机→分拣系统	235mm	42700	60000	
分拣系统→高速回零前	925mm	168000	57000	DIR
低速回零		单速返回	20000	DIR

表 3-6 中最后一行低速回零，是单速连续运行模式，选择这种操作模式后，在所出现的界面（见图 3-27）中，写入目标速度"20000"。界面中还有一个包络停止操作选项，是当停止信号输入时再向运动方向按设定的脉冲数走完停止，在本系统不使用。

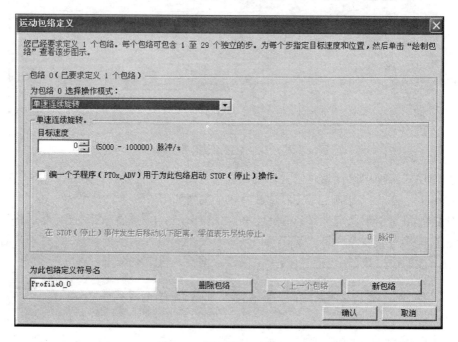

图 3-27 设置第 4 个包络

4）运动包络编写完成单击"确认"，向导会要求为运动包络指定 V 存储区地址（建议地址为 VB75～VB300），可默认这一建议，也可自行键入一个合适的地址。图 3-28 为指定 V 存储区首地址为 VB400 时的界面，向导会自动计算地址的范围。

5）单击"下一步"出现图 3-29 提示画面，单击"完成"。

3. 使用位控向导生成的项目组件

运动包络组态完成后，向导会为所选的配置生成四个项目组件（子程序），分别是：PTO0_ CTRL（控制）、PTO0_ RUN（运行包络）、PTO0_ LDPOS（装载位置）和 PTO0_ MAN（手动模式）子程序。一个由向导产生的子程序就可以在程序中调用，如图 3-30 所示。

它们的功能分述如下：

1）PTO0_ CTRL：启用和初始化 PTO 输出。请在用户程序中只使用一次，并且请确定在每次扫描时得到执行。即始终使用 SM0.0 作为 EN 的输入，运行 PTO0_ CTRL 子程序如图 3-31 所示。

项目三 装配生产线设计与运行

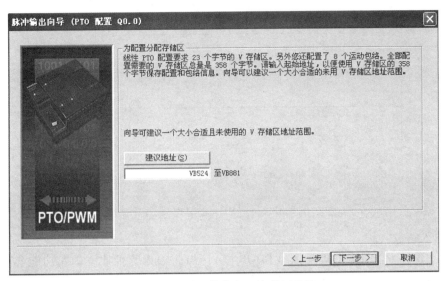

图 3-28　运动包络指定 V 存储区地址

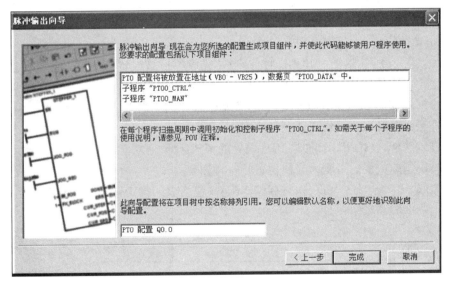

图 3-29　生成项目组件提示

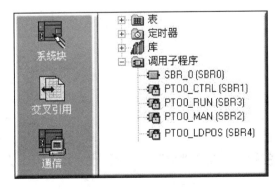

图 3-30　四个项目组件

```
        SM0.0                                    PTO0_CTRL
        ─┤├─────────────────────────────────────EN

        ─┤├─────────────────────────────────────I_STOP

        ─┤├─────────────────────────────────────D_STOP
                                           Done─M2.0
                                          Error─VB500
                                          C_Pos─VD512
```

图 3-31 运行 PTO0_ CTRL 子程序

① 输入参数：

■I_ STOP（立即停止）输入（BOOL 型）：当此输入为低时，PTO 功能会正常工作。当此输入变为高时，PTO 立即终止脉冲的发出。

■D_ STOP（减速停止）输入（BOOL 型）：当此输入为低时，PTO 功能会正常工作。当此输入变为高时，PTO 会产生将电动机减速至停止的脉冲串。

② 输出参数：

■Done（"完成"）输出（BOOL 型）：当"完成"位被设置为高时，它表明上一个指令也已执行。

■Error（错误）参数（BYTE 型）：包含本子程序的结果。当"完成"位为高时，错误字节会报告无错误或有错误代码的正常完成。

■C_ Pos（DWORD 型）：如果 PTO 向导的 HSC 计数器功能已启用，此参数包含以脉冲数表示的模块当前位置。否则，当前位置将一直为 0。

2）PTO0_ RUN：命令 PLC 执行存储于配置/包络表的指定包络运动操作。运行 PTO0_ RUN 子程序如图 3-32 所示。

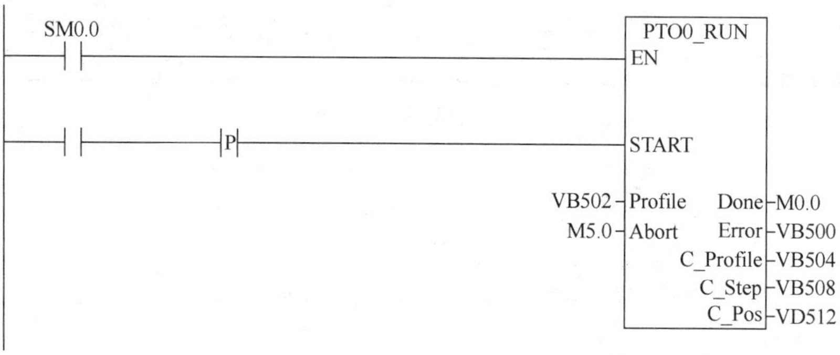

```
        SM0.0                                    PTO0_RUN
        ─┤├─────────────────────────────────────EN

        ─┤├──┤P├────────────────────────────────START

                                   VB502─Profile   Done─M0.0
                                    M5.0─Abort    Error─VB500
                                             C_Profile─VB504
                                                C_Step─VB508
                                                 C_Pos─VD512
```

图 3-32 运行 PTO0_ RUN 子程序

① 输入参数：

■EN 位：子程序的使能位。在"完成"（Done）位发出子程序执行已经完成的信号前，应使 EN 位保持开启。

■START 参数（BOOL 型）：包络执行的启动信号。对于在 START 参数已开启，且 PTO

当前不活动时的每次扫描，此子程序会激活 PTO。为了确保仅发送一个命令，一般用上升沿以脉冲方式开启 START 参数。

■Abort（终止）命令（BOOL 型）：命令为 ON 时位控模块停止当前包络，并减速至电动机停止。

■Profile（包络）（BYTE 型）：输入为此运动包络指定的编号或符号名。

② 输出参数：

■Done（完成）（BOOL 型）：本子程序执行完成时，输出 ON。

■Error（错误）（BYTE 型）：输出本子程序执行结果的错误信息，无错误时输出 0。

■C_Profile（BYTE 型）：输出位控模块当前执行的包络。

■C_Step（BYTE 型）：输出目前正在执行的包络步骤。

■C_Pos（DINT 型）：如果 PTO 向导的 HSC 计数器功能已启用，则此参数包含以脉冲数作为模块的当前位置。否则，当前位置将一直为 0。

3) PTO0_LDPOS：改变 PTO 脉冲计数器的当前位置值为一个新值。可用该指令为任何一个运动命令建立一个新的零位置。用 PTO0_LDPOS 指令实现返回原点后清零如图 3-33 所示。

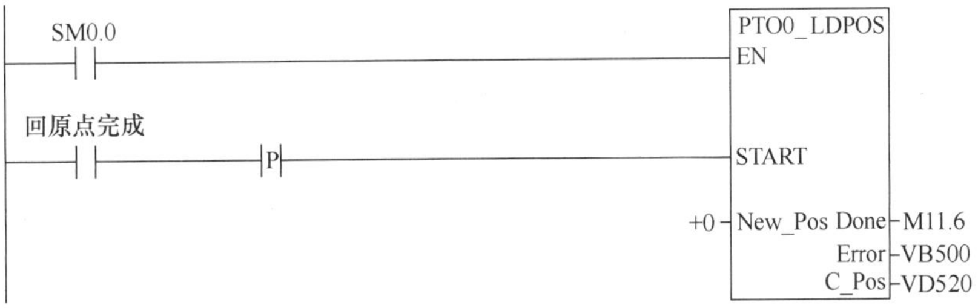

图 3-33　用 PTO0_LDPOS 指令实现返回原点后清零

① 输入参数：

■EN 位：子程序的使能位。在"完成"（Done）位发出子程序执行已经完成的信号前，应使 EN 位保持开启。

■START（BOOL 型）：装载启动。接通此参数，以装载一个新的位置值到 PTO 脉冲计数器。在每一循环周期，只要 START 参数接通且 PTO 当前不忙，该指令装载一个新的位置给 PTO 脉冲计数器。若要保证该命令只发一次，使用边沿检测指令以脉冲触发 START 参数接通。

■New_Pos 参数（DINT 型）：输入一个新的值替代 C_Pos 报告的当前位置值。位置值用脉冲数表示。

② 输出参数：

■Done（完成）（BOOL 型）：模块完成该指令时，参数 Done 为 ON。

■Error（错误）（BYTE 型）：输出本子程序执行结果的错误信息，无错误时输出 0。

■C_Pos（DINT 型）：此参数包含以脉冲数作为模块的当前位置。

4) PTO0_MAN：将 PTO 输出置于手动模式。执行这一子程序允许电动机启动、停止和按不同的速度运行。但当 PTO0_MAN 子程序已启用时，除 PTO0_CTRL 外任何其他 PTO 子程序都无法执行。运行 PTO0_MAN 子程序如图 3-34 所示。

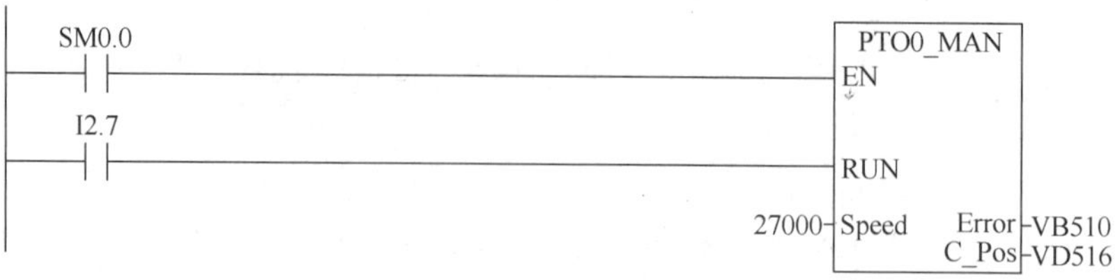

```
    SM0.0                            PTO0_MAN
    ─┤├─────────────────────────────EN
                                      ↓
    I2.7
    ─┤├─────────────────────────────RUN

                            27000─Speed  Error─VB510
                                         C_Pos─VD516
```

图 3-34　运行 PTO0_MAN 子程序

RUN（运行/停止）参数：命令 PTO 加速至指定速度（Speed（速度）参数）。从而允许在电动机运行中更改 Speed 参数的数值。停用 RUN 参数命令 PTO 减速至电动机停止。

当 RUN 已启用时，Speed 参数决定着速度。速度是一个用每秒脉冲数计算的 DINT（双整数）值。可以在电动机运行中更改此参数。

Error（错误）参数：输出本子程序的执行结果的错误信息，见错误时输出 0。如果 PTO 向导的 HSC 计数器功能已启用，C_Pos 参数包含用脉冲数目表示的模块；否则此数值始终为零。

由上述四个子程序的梯形图可以看出，为了调用这些子程序，编程时应预置一个数据存储区，用于存储子程序执行时间参数，存储区所存储的信息可根据程序的需要调用。

（五）输送机械手安装

将输送机械手的机械部分拆开成组件或零件的形式，然后再组装成原样。要求着重掌握机械设备的安装、运动可靠性的调整，以及电气配线的敷设方法与技巧。

1. 机械部分安装步骤和方法

为了提高安装的速度和准确性，对本机械手的安装同样遵循先完成组件，再进行总装的原则。运输机械手主要由电动机侧同步轮安装支架组件、调整端同步轮安装支架组件、电动机安装板、电动机、柱形导轨及其安装底板组件、薄型气缸、同步带、各连接板及连接件等组成，运输机械手组件如图 3-35 所示。（注意：柱形导轨及其安装底板组件，出厂时已精密调整完成，建议不要自行拆卸）

首先，放置好柱形导轨上滑块的位置，将溜板与四个滑块连接固定。锁紧螺栓时，要一边调整二者的相对位置，一边拧紧螺栓，使紧定后的滑块滑动平顺，运动可靠。溜板与四个滑块连接方法如图 3-36 所示。

将连接好的滑块溜板整体从导轨上取下，将两个同步带固定座安装在溜板的反面，用于固定同步带的两端。同步带安装方法如图

图 3-35　运输机械手组件

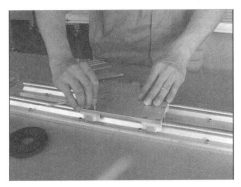

图 3-36　溜板与四个滑块连接方法

3-37 所示。

接下来，分别将调整端同步轮安装支架组件、电动机侧同步轮安装支架组件上的同步轮套入同步带的两端。在此过程中一定要注意电动机侧同步轮安装支架组件的安装方向，两组件的相对位置正确，同步轮安装如图 3-38 所示。

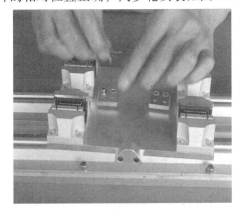 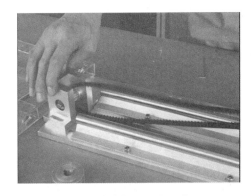

图 3-37　同步带安装方法　　　　　　　　图 3-38　同步轮安装

将同步带两端分别固定在各自的同步带固定座内，同步带固定如图 3-39 所示。

完成以上安装任务后，再将滑块套入柱形导轨上，套入时一定不能损坏滑块内的滑动滚珠以及滚珠的保持架。滑块套入柱形导轨如图 3-40 所示。

图 3-39　同步带固定　　　　　　　　　　图 3-40　滑块套入柱形导轨

接下来先将电动机侧同步轮安装组件，用螺栓固定在导轨安装底板上。固定同步轮安装组件如图3-41所示。

再将调整端同步轮安装支架组件与底板连接，并调整好同步带的张紧度，锁紧螺栓。调整同步带张紧度方法如图3-42所示。

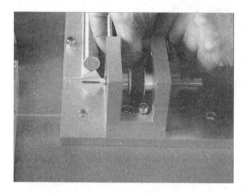

图3-41　固定同步轮安装组件

图3-42　调整同步带张紧度

接下来，装配机械手部分。

装配机械手时，先连接支撑板与导向组件部分，然后将摆台气缸安装板、导柱、导向组件进行连接，并在保证导柱滑动顺畅的情况下，锁紧连接螺栓，机械手连接如图3-43所示。

接下来固定好用于提升的薄型气缸，安装机械手部分的整体连接底座，安装整体连接底座如图3-44所示。

图3-43　机械手连接

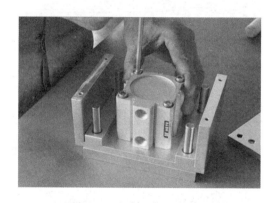

图3-44　安装整体连接底座

再把气动摆台固定在摆台安装板上。固定摆台安装板如图3-45所示。

将导杆气缸安装板固定在气动摆台的回转部分。固定回转部分如图3-46所示。

用连接件将导杆气缸和气动手指部分进行连接，并将该部分安装在导杆气缸安装板上。连接导杆气缸和气动手指如图3-47所示。

安装好固定架，如图3-48所示。

将机械手整体连接到溜板上，并锁好螺栓，如图3-49所示。

接下来将电动机安装板固定在电动机侧同步轮支架组件的相应位置，将电动机套入安装位置，并在主动轴、电动机轴上分别套接同步轴，安装好同步带，调整电动机位置，锁好电动机螺栓，如图 3-50 所示。

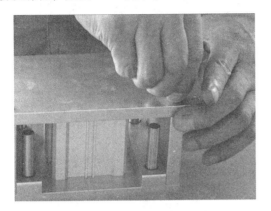

图 3-45　固定摆台安装板

图 3-46　固定回转部分

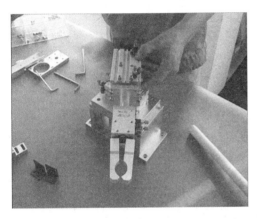

图 3-47　连接导杆气缸和气动手指

图 3-48　安装固定架

图 3-49　机械手整体连接到溜板上

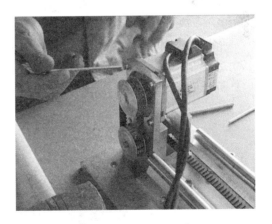

图 3-50　固定电动机

最后安装左右线位以及原点传感器支架，如图 3-51 所示。

1）组装直线运动组件的步骤：

① 在底板上装配直线导轨。直线导轨是精密机械运动部件，其安装、调整都要遵循一

定的方法和步骤，而且该单元中使用的导轨的长度较长，要快速准确地调整好两导轨的相互位置，使其运动平稳、受力均匀、运动噪声小。

② 装配大溜板、四个滑块组件：将大溜板与两直线导轨上的四个滑块的位置找准并进行固定，在拧紧固定螺栓的时候，应一边推动大溜板左右运动一边拧紧螺栓。直到滑动顺畅为止。

③ 连接同步带：将连接了四个滑块的大溜板从导轨的一端取出。由于用于滚动的钢球嵌在滑块的橡胶套内，一定要避免橡胶套受到破坏或用力太大致使

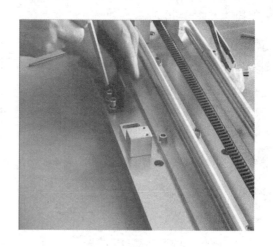

图 3-51　安装传感器支架

钢球掉落。将两个同步带固定座安装在大溜板的反面，用于固定同步带的两端。接下来分别将调整端同步轮安装支架组件、电动机侧同步轮安装支架组件上的同步轮，套入同步带的两端，在此过程中应注意电动机侧同步轮安装支架组件的安装方向、两组件的相对位置，并将同步带两端分别固定在各自的同步带固定座内，同时也要注意保持连接安装好后的同步带平顺一致。完成以上安装任务后，再将滑块套在柱形导轨上，套入时，一定不能损坏滑块内的滑动滚珠以及滚珠的保持架。

④ 同步轮安装支架组件装配：先将电动机侧同步轮安装支架组件用螺栓固定在导轨安装底板上，再将调整端同步轮安装支架组件与底板连接，然后调整好同步带的张紧度，锁紧螺栓。

⑤ 伺服电动机安装：将电动机安装板固定在电动机侧同步轮支架组件的相应位置，将电动机与电动机安装板连接，并在主动轴、电动机轴上分别套接同步轮，安装好同步带，调整电动机位置，锁紧连接螺栓。最后安装左右限位以及原点传感器支架。

注意：在以上各构成零件中，轴承以及轴承座均为精密机械零部件，拆卸以及组装需要较熟练的技能和专用工具，因此，不可轻易对其进行拆卸或修配工作。

2）组装机械手装置。装配步骤如下：

① 提升机构组装，如图 3-52 所示。

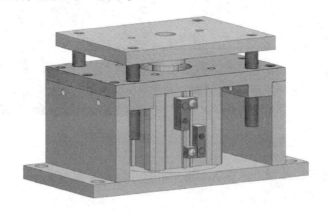

图 3-52　提升机构组装

② 把气动摆台固定在组装好的提升机构上，然后在气动摆台上固定导杆气缸安装板，安装时注意要先找好导杆气缸安装板与气动摆台连接的原始位置，以便有足够的回转角度。

③ 连接气动手指和导杆气缸，然后把导杆气缸固定到导杆气缸安装板上。完成抓取机械手装置的装配。

3）把抓取机械手装置固定到直线运动组件的大溜板，装配完成的抓取机械手装置如图3-53所示。最后，检查摆台上的导杆气缸、气动手指组件的回转位置是否满足其余各工作站上抓取和放下工件的要求，进行适当的调整。

4）气路连接和电气配线敷设。

当抓取机械手装置做往复运动时，连接到机械手装置上的气管和电气连接线也随之运动。确保这些气管和电气连接线运动顺畅，不至在移动过程拉伤或脱落，是安装过程中重要的一环。

连接到机械手装置上的管线首先绑扎在拖链安装支架上，然后沿拖链敷设，进入管线线槽中。绑扎管线时要注意管线引出端到绑扎处保持足够长度，以免机构运动时被拉紧造成脱落。沿拖链敷设时注意管线间不要相互交叉。装配完成的输送单元装配侧如图3-54所示。

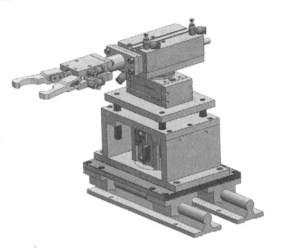

图3-53　装配完成的抓取机械手装置

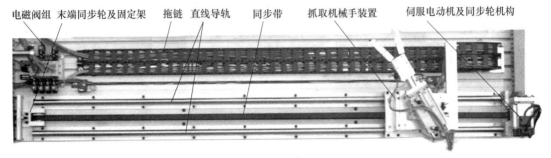

图3-54　装配完成的输送单元装配侧

2. 输送装置的 PLC 控制与编程

输送机械手运行的目标是测试设备传送工件的功能。要求其他各工作机已经就位，并且在自动供料机出料台上放置了工件。具体测试要求如下：

1）输送机械手在通电后，按下复位按钮，执行复位操作，使抓取机械手装置回到原点位置。在复位过程中，"正常工作"指示灯以1Hz的频率闪烁。

当抓取机械手装置回到原点位置，且输送单元各个气缸满足初始位置的要求时，则复位完成，"正常工作"指示灯常亮。按下启动按钮，设备启动，"设备运行"指示灯也常亮，开始功能测试过程。

2）正常功能测试。

① 抓取机械手装置从供料站出料台抓取工件，抓取的顺序是：手臂伸出→手爪夹紧抓

取工件→提升台上升→手臂缩回。

② 抓取动作完成后，伺服电动机驱动机械手装置向加工站移动，移动速度不小于300mm/s。

③ 机械手装置移动到加工站物料台的正前方后，即把工件放到加工站物料台上。抓取机械手装置在加工站放下工件的顺序是：手臂伸出→提升台下降→手爪松开放下工件→手臂缩回。

④ 放下工件动作完成2s后，抓取机械手装置执行抓取加工站工件的操作。抓取的顺序与供料站抓取工件的顺序相同。

⑤ 抓取动作完成后，伺服电动机驱动机械手装置移动到装配站物料台的正前方。然后把工件放到装配站物料台上。其动作顺序与加工站放下工件的顺序相同。

⑥ 放下工件动作完成2s后，抓取机械手装置执行抓取装配站工件的操作。抓取的顺序与供料站抓取工件的顺序相同。

⑦ 机械手手臂缩回后，摆台逆时针旋转90°，伺服电动机驱动机械手装置从装配站向分拣站运送工件，到达分拣站传送带上方入料口后把工件放下，动作顺序与加工站放下工件的顺序相同。

⑧ 放下工件动作完成后，机械手手臂缩回，然后执行返回原点的操作。伺服电动机驱动机械手装置以400mm/s的速度返回，返回900mm后，摆台顺时针旋转90°，然后以100mm/s的速度低速返回原点停止。

当抓取机械手装置返回原点后，一个测试周期结束。当自动供料机的出料台上放置了工件时，再按一次启动按钮，开始新一轮的测试。

3）非正常运行的功能测试。

若在工作过程中按下急停按钮，则系统立即停止运行。在急停复位后，应从急停前的断点开始继续运行。但是若急停按钮按下时，输送站机械手装置正在向某一目标点移动，则急停复位后输送站机械手装置应首先返回原点位置，然后再向原目标点运动。

在急停状态，绿色指示灯以1Hz的频率闪烁，直到急停复位后恢复正常运行时，HL2恢复常亮。

3. 气动控制回路设计

做一做

输送机械手的抓取机械手装置上的所有气缸连接的气管沿拖链敷设，插接到电磁阀组上。参照图3-4结构以及动作要求设计气动机械手的气动控制回路图，具体动作要求如下：

1）气动手爪：用于在各个工作站物料台上抓取/放下工件，由一个二位五通双向电控阀控制。

2）伸缩气缸：用于驱动手臂伸出/缩回，由一个二位五通单向电控阀控制。

3）回转气缸：用于驱动手臂正反向90°旋转，由一个二位五通双向电控阀控制。

4）提升气缸：用于驱动整个机械手提升与下降，由一个二位五通单向电控阀控制。

4. PLC的选型和I/O接线

做一做

输送单元所需的I/O点较多。其中，输入信号包括来自按钮/指示灯模块的按钮、开关等主令信号,各构件的传感器信号等;输出信号包括输出到抓取机械手装置各电磁阀的控制信号和输出到伺服电动机驱动器的脉冲信号和驱动方向信号;此外尚须考虑在需要时输出信号到按钮/指示灯模块的指示灯,以显示本单元或系统的工作状态。

由于需要输出驱动伺服电动机的高速脉冲,PLC应采用晶体管输出型。基于上述考虑,选用西门子S7-226DC/DC/DC型PLC,共24点输入,16点晶体管输出。表3-7为输送单元PLC的I/O信号表,请编写I/O信号表,然后绘制I/O接线原理图。自动供料机的气动控制回路图设计记录单见表3-8。

表3-7 输送单元PLC的I/O信号表

序号	PLC输入点	信号名称	信号来源	序号	PLC输出点	信号名称	信号输出目标
1	I0.0		装置侧	1	Q0.0		装置侧
2	I0.1			2	Q0.1		
3	I0.2			3	Q0.2		
4	I0.3			4	Q0.3		
5	I0.4		装置侧	5	Q0.4		
6	I0.5			6			
7	I0.6			7			
8	I0.7			8			
9	I1.0			9			
10	I1.1			10			
11	I1.2			11	Q1.2		
12	I1.3			12	Q1.3		
13	I1.4			13	Q1.4		
14	I1.5			14	Q1.5		按钮/指示灯模块
15	I1.6			15	Q1.6		
16	I1.7			16	Q1.7		
17	I2.0						
18	I2.1						
19	I2.2						
20	I2.3						
21	I2.4						
22	I2.5						
23	I2.6						
24	I2.7						

表 3-8　自动供料机的气动控制回路图设计记录单

课程名称		自动化生产线安装与调试		总学时:90
项目三		装配生产线设计与运行		参考学时:40
班级		团队负责人	团队成员	
项目设计方案一	使用传感器元件及型号:			
	使用主令电器元件及型号:			
	使用指示灯型号:			
项目设计方案二	使用传感器元件及型号:			
	使用主令电器元件及型号:			
	使用指示灯型号:			
最优方案				
设计方法				
相关资料及资源	校本教材、实训指导书、视频录像、PPT课件、包装码垛生产线电气工程原理图等			

晶体管输出的 S7-200 PLC，供电电源采用 DC 24V 的直流电源，与前面各工作单元的继电器输出的 PLC 不同。接线时也请注意，千万不要把 AC 220V 电源连接到其电源输入端。完成系统的电气接线后，尚须对伺服电动机驱动器进行参数设置，伺服电动机驱动器参数设置表见表 3-9。

表 3-9　伺服电动机驱动器参数设置表

序号	参数编号	参数名称	设置值	功能和含义
1	Pr4	行程限位禁止输入无效设置	2	当左或右限位动作时,则会发生 Err38 行程限位禁止输入信号出错报警。设置此参数值必须在控制电源断电重启之后才能修改、写入成功
2	Pr0.04	惯量比	1678	该值自动调整得到
3	Pr0.02	实时自动增益设置	1	实时自动调整为常规模式,运行时负载惯量的变化情况很小

(续)

序号	参数		设置值	功能和含义
	参数编号	参数名称		
4	Pr0.03	实时自动增益的机械刚性选择	1	此参数值设得越大,响应越快
5	Pr0.06	指令脉冲旋转方向设置	0	指令脉冲+指令方向。设置此参数值必须在控制电源断电重启之后才能修改、写入成功
6	Pr0.07	指令脉冲输入方式	3	
7	Pr0.08	指令脉冲分倍频分母	6000	如果pr48或pr49=0,pr4B即可设为电动机每转一圈所需的指令脉冲数

(六) 编写和调试 PLC 控制程序

1. 主程序编写的思路

从前面所述的传送工件功能测试任务可以看出,整个功能测试过程应包括上电后复位、传送功能测试、紧急停止处理和状态指示等部分,传送功能测试是一个步进顺序控制过程。在子程序中可采用步进指令驱动实现。

紧急停止处理过程也要编写一个子程序单独处理。这是因为,当抓取机械手装置正在向某一目标点移动时按下急停按钮,PTOx_CTRL 子程序的 D_STOP 输入端变成高位,停止启用 PTO,PTOx_RUN 子程序使能位 OFF 而终止,使抓取机械手装置停止运动。急停复位后,原来运行的包络已经终止,为了使机械手继续往目标点移动,可让它首先返回原点,然后运行从原点到原目标点的包络。这样当急停复位后,程序不能马上回到原来的顺控过程,而是要经过使机械手装置返回原点的一个过渡过程。

输送单元程序控制的关键点是伺服电动机的定位控制,在编写程序时,应预先规划好各段的包络,然后借助位置控制向导组态 PTO 输出。表 3-10 为伺服电动机运行的运动包络数据,是根据按工作任务的要求各工作机的位置确定的。表中包络 5 和包络 6 用于急停复位,经急停处理返回原点后重新运行的运动包络。

表 3-10 伺服电动机运行的运动包络

运动包络	站 点		脉冲量	移动方向
0	低速回零		单速返回	DIR
1	自动供料机→冲压机	430mm	43000	
2	冲压机→组装机	350mm	35000	
3	组装机→自动分拣系统	260mm	26000	
4	自动分拣系统→高速回零前	900mm	90000	DIR
5	自动供料机→组装机	780mm	78000	
6	自动供料机→自动分拣系统	1040mm	104000	

前面已经指出,当运动包络编写完成后,位置控制向导会要求为运动包络指定 V 存储区地址,为了与装配生产线的工作任务相适应,V 存储区地址的起始地址指定为 VB524。

综上所述，主程序应包括上电初始化、复位过程（子程序）、准备就绪后投入运行等阶段。请设计输送装置的程序清单。

2. 初态检查复位子程序和回原点子程序

系统上电且按下复位按钮后，就调用初态检查复位子程序，进入初始状态检查和复位操作阶段，目标是确定系统是否准备就绪，若未准备就绪，则系统不能启动。

该子程序的内容是检查各气动执行元件是否处在初始位置，抓取机械手装置是否在原点位置，如否则进行相应的复位操作，直至准备就绪。子程序中，除调用回原点子程序外，主要是完成简单的逻辑运算，这里就不再详述了。

抓取机械手装置返回原点的操作，在输送单元的整个工作过程中，都会频繁地进行。因此编写一个子程序供需要时调用是必要的。回原点子程序是一个带形式参数的子程序，在其局部变量表中定义了一个 BOOL 输入参数 START，当使能输入（EN）和 START 输入为 ON 时，启动子程序调用，请编写输送装置回原点子程序梯形图。当 START（即局部变量 L0.0）为 ON 时，置位 PLC 的方向控制输出 Q0.0，并且这一操作放在 PTO0_RUN 指令之后，这就确保了方向控制输出的下一个扫描周期才开始脉冲输出。

带形式参数的子程序是西门子系列 PLC 的优异功能之一，输送单元程序中好几个子程序均使用了这种编程方法。关于带参数调用子程序的详细介绍，请参阅 S7-200 可编程序控制器系统手册。

3. 急停处理子程序

当系统进入运行状态后，在每一扫描周期都调用急停处理子程序。该子程序也带形式参数，在其局部变量表中定义了两个 BOOL 型的输入/输出参数 ADJUST 和 MAIN_CTR，参数 MAIN_CTR 传递给全局变量主控标志 M2.0，并由 M2.0 当前状态维持，此变量的状态决定了系统在运行状态下能否执行正常的传送功能测试过程。参数 ADJUST 传递给全局变量包络调整标志 M2.5，并由 M2.5 当前状态维持，此变量的状态决定了系统在移动机械手的工序中，是否需要调整运动包络号。

急停处理子程序要求如下：

① 当急停按钮被按下时，MAIN_CTR 置 0，M2.0 置 0，传送功能测试过程停止。

② 若急停前抓取机械手正在前进中（从自动供料机往冲压机，或从冲压机往组装机，或从组装机往自动分拣系统），则当急停复位的上升沿到来时，需要启动使机械手低速回原点过程。到达原点后，置位 ADJUST 输出，传递给包络调整标志 M2.5，以便在传送功能测试过程重新运行后，给处于前进工步的过程调整包络用，例如，对于从加工到装配的过程，急停复位重新运行后，将执行从原点（自动供料机处）到装配的包络。

若急停前抓取机械手正在高速返回中，则当急停复位的上升沿到来时，使高速返回步复位，转到下一步即摆台右转和低速返回。

4. 传送功能测试子程序的结构

传送功能测试过程是一个单序列的步进顺序控制。在运行状态下，若主控标志 M2.0 为 ON，则调用该子程序。

以机械手在冲压机工作台放下工件开始,到机械手移动到组装机为止,这3步过程为例说明编程思路。

安装与调试完成情况表见表3-11,调试运行记录表见表3-12,考核评价表见表3-13。

表3-11 安装与调试完成情况表

步骤	内　　容	计划时间	实际时间	完成情况
1	整个练习的工作计划			
2	制订安装计划			
3	线路描述和项目执行图样			
4	写材料清单和领料			
5	机械部分安装			
6	伺服驱动系统安装			
7	齿形带安装			
8	传感器安装			
9	气路安装			
10	连接各部分器件			
11	按质量要求各点检查整个设备			
12	项目各部分设备的测试			
13	对老师发现和提出的问题进行回答			
14	整个装置的功能调试			
15	如果必要,则排除故障			
16	该任务成绩的评估			

表3-12 调试运行记录表

观察项目	运行情况				
旋转缸					
气爪					
提升缸					
伸出缸					
气爪磁性开关					
伸出气缸磁性开关					
旋转气缸磁性开关					
提升气缸磁性开关					

表 3-13 考核评价表

评分表：___级___班		工作形式(请在采用方式前打√) ___个人 ___小组分工 ___小组	时间： 项目所用时间：(　)学时	
项目名称	项目内容	训练要求	学生自评	教师评分
自动分拣系统的设计与运行	1. 工作计划和图样(20分) 工作计划、材料清单、气路图、电路图、程序清单	电路绘图错误每处扣1分；机械手装置运动的限位保护位没有设置或绘制有错误，扣1.5分；主电路绘制错误每处扣0.5分；电路符号不规范每处扣0.5分，最多扣2分		
	2. 部件安装与连接(20分)	装配未能完成，扣3分；装配完成，有部件未坚固现象，扣1分		
	3. 连接工艺(20分) 电路连接工艺；气路连接工艺；机械安装及装配工艺	端子连接，插针压接不牢或超过2根导线，每处扣0.5分，端子连接处没有信号，每处扣0.5分，两项最多扣3分；电路接线没有捆扎或电路接线凌乱，扣2分；机械手装置运动的限位保护未接线或接线错误，扣1.5分；气路连接未完成或有错误，每处扣2分；气路连接有漏气现象，每处扣1分；气缸节流阀调整不当，每处扣1分；气管没有绑扎或气路连接凌乱，扣2分		
	4. 测试与功能(30分) 夹料功能；送料功能；整个装置全面检测	启动/停止方式不按控制要求，扣1分；运行测试不满足要求，每处扣0.5分		
	5. 职业素养与安全意识(10分)	现场操作安全保护符合安全操作规程；工具摆放、包装物品、导线线头等的处理符合职业岗位的要求；团队合作有分工有合作；配合紧密；遵守纪律，尊重教师，爱惜设备和器材，保持工位的整洁		

二、装配线工艺过程设计

根据任务书要求进行网络的组建，以实现5个可编程序控制器之间的数据传送。通过对5个站程序的设计能实现任务书要求的各项控制任务。

主要控制要求如下：

1）系统的控制方式应采用PPI网络控制。其中，运输机械手指定为主站，其余各工作机为从站。系统主令工作信号由连接到输送站PLC的触摸屏人机界面提供，整个系统的主要工作状态除了在人机界面上显示外，尚须由安装在装配机械的警示灯显示上电复位、启动、停止、报警等状态。

2）系统在上电后，首先执行复位操作，使运输机械手装置回到原点位置。这时，绿色警示灯以1Hz的频率闪烁。运输机械手装置回到原点位置后，复位完成，绿色警示灯常亮，表示允许启动系统。

3）按下启动按钮，系统启动，绿色和黄色警示灯均常亮。

4）系统启动后，自动供料机把待加工工件推到物料台上，向系统发出供料操作完成信号，并且推料气缸缩回，准备下一次推料。若自动供料机的料仓和料槽内没有工件或工件不足，则向系统发出报警或预警信号。物料台上的工件被运输机械手取出后，若系统启动信号仍然为ON，则进行下一次推出工件操作。

5）在工件推到自动供料机物料台后，运输机械手装置应移动到自动供料机物料台的正前方，然后执行抓取自动供料机工件的操作。

6）抓取动作完成后机械手手臂应缩回。伺服电动机驱动机械手装置移动到自动冲压机物料台的正前方。然后按机械手手臂伸出→手臂下降→手爪松开→手臂缩回的动作顺序把工件放到自动冲压机物料台上。

7）自动冲压机物料台的物料检测传感器检测到工件后，执行把待加工工件从物料台移送到加工区域冲压气缸的正下方；完成对工件的冲压加工，然后把加工好的工件重新送回物料台的工件加工工序，并向系统发出加工完成信号。

8）系统接收到加工完成信号后，运输机械手按手臂伸出→手爪夹紧→手臂提升→手臂缩回的动作顺序取出加工好的工件。

9）伺服电动机驱动夹着工件的运输机械手移动到装配站物料台的正前方。然后按机械手手臂伸出→手臂下降→手爪松开→手臂缩回的动作顺序把工件放到装配机物料台上。

10）组装机物料台的传感器检测到工件到来后，挡料气缸缩回，使料槽中最底层的小圆柱工件落到回转供料台上，然后顺时针旋转180°（右旋），到位后机械手按下降气动手爪→抓取小圆柱→手爪提升→手臂伸出→手爪下降→手爪松开的动作顺序，把小圆柱工件装入大工件中，装入动作完成后，向系统发出装配完成信号。

输送机械手复位的同时，回转送料单元逆时针旋转180°（左旋）回到原位；如果装配站的料仓或料槽内没有小圆柱工件或工件不足，则向系统发出报警或预警信号。

11）输送机械手伸出并抓取该工件后，逆时针旋转90°伺服电动机驱动机械手装置从装配机向自动分拣系统运送工件，然后按机械手臂伸出→机械手臂下降→手爪松开放下工件→手臂缩回→返回原点的顺序返回到原点，再顺时针旋转90°。

12）当输送站送来工件放到自动分拣系统传送带上并被入料口光电传感器检测到时，即启动变频器，驱动传动电动机工作，运行频率为10Hz。传送带把工件带入分拣区，如果工件为白色，则该工件应被推到1号槽里，如果工件为黑色，则该工件应被推到2号槽中。当分拣气缸活塞杆推出工件并返回到位后，应向系统发出分拣完成信号。

13）仅当自动分拣系统分拣工作完成，并且输送站机械手装置回到原点，系统的一个工作周期才认为结束。如果在工作周期没有按下过停止按钮，系统在延时1s后开始下一周期工作。如果在工作周期曾经按下过停止按钮，系统工作结束，警示灯中黄色灯熄灭，绿色灯仍保持常亮。

14）如果发生物料不足的预报警信号，警示灯中红色灯以1Hz的频率闪烁，绿色和黄色灯保持常亮。如果发生物料没有的报警信号，警示灯中红色灯以 1Hz 的频率闪烁，黄色灯熄灭，绿色灯应保持常亮。

根据以上控制要求，绘制工艺流程图。

【项目实现】

一、硬件实现

根据所设计的装配生产线的工作流程，按照元件清单清点元器件并检测元器件质量和状态是否满足要求，完成各工作机装置侧的机械安装、气路连接和调整、网络电气接线以及相关参数的设置和测试工作。然后把这些工作机安装在装配生产线的工作台上，完成主气路及电气回路的设计及连接。最后进行参数的设置和调试。安装前后的自动线工作台如图 3-55 所示。

具体安装的工作步骤为：元件检查→输送机械手安装→自动供料机安装→自动冲压机安装→组装机安装→自动分拣系统安装→主气路及电气回路连接。装配生产线各工作机安装位置如图 3-56 所示。注意明确各站之间的间距尺寸。

系统整体安装时，必须确定各工作机的安装定位，为此首先要确定安装的基准点，即从铝合金桌面右侧边缘算起。图 3-56 指出了基准点到原点距离（X 方向）为 310mm，这一点应首先确定。由于工作台的安装特点，原点位置一旦确定后，输送机械手的安装位置也已确定。然后根据：①原点位置与自动供料机出料台中心沿 X 方向重合；②自动供料机出料台中心至冲压机加工台中心距离 430mm；③冲压机加工台中心至装配站装配台中心距离 350mm；④组装机装配台中心至自动分拣系统进料口中心距离 560mm；即可确定各工作站在 X 方向的位置。

以输送机械手爪完全伸出长度为基准，以其气动摆台旋转 90、垂直于导轨时手爪中心为基准点，分别与供料机的物料台挡料导向件中心、自动冲压机物料台气动手爪的中心、组装机物料台定位导向座中心对中；自动分拣系统传送带工件导向件中心与气动摆台旋回的气动机械手爪中心对中，以此确定各分站底板的间距。

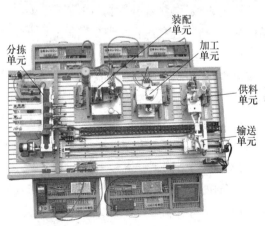

图 3-55　安装前后的自动线工作台

项目三 装配生产线设计与运行

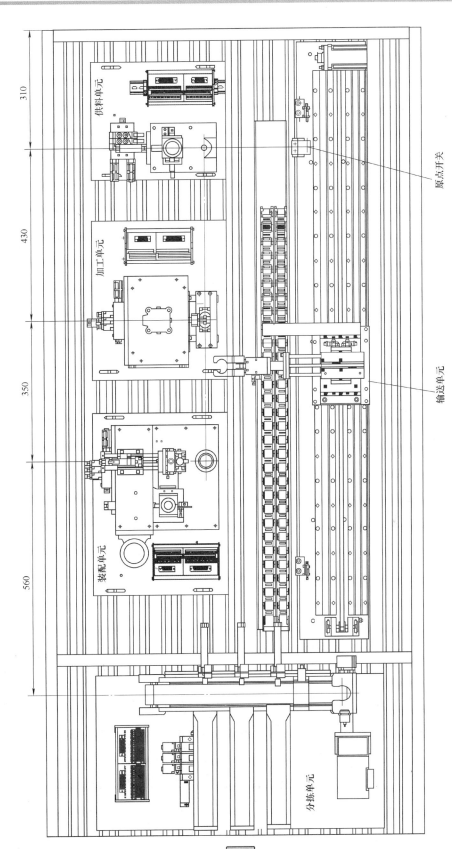

图 3-56 装配生产线各工作机安装位置

注意事项

1)按照装配生产线安装位置图开始安装时,在空白的装配线工作台上首先安装输送机械手的两根平行直线导轨。

2)将输送机械手在工作台上安装好以后,再开始依次固定供料机、冲压机、组装机、分拣系统,各站彼此间距要以装配生产线工作机安装位置图为准。

3)经微调后用地脚螺栓固定在工作台上。地脚固定螺栓要先初步固定,待位置确定后再固定,要注意底板螺栓对角紧固。

4)在安装工作完成后,必须进行必要的检查、局部试验的工作,确保及时发现问题。在投入全线运行前,应清理工作台上残留的线头、管线、工具等,养成良好的职业素养。

(一)元件的检查

根据元件清单认真核对元件的型号及规格、数量,并检查元件的质量,确定其是否合格。如果元件有损坏,应及时更换。

(二)输送机械手装置侧的安装

输送机械手装置侧的安装包括直线运动组件、抓取机械手装置、拖链装置、电磁阀组件、装置侧电气接口等的安装;以及抓取机械手装置上各传感器引出线、连接到各气缸的气管沿拖链的敷设和绑扎;连接到装置侧电气接口的接线;单元气路的连接等。

1. 组件装配

完成输送站的装配任务,装配注意事项详见项目设计。安装步骤包括:

1)安装直线导轨底板、齿形带。
2)安装铝合金框架结构。
3)安装气缸。
4)安装气动机械手。
5)安装电磁阀。
6)安装位置传感器。
7)安装伺服电动机和驱动器。
8)安装装置侧接线端口。
9)安装触摸屏。

2. 气路连接及调试

输送机械手气路连接步骤及要求详见项目设计内容,从输送机械手电磁阀组汇流排开始,根据所设计气路原理图进行气路的连接,连接到各气缸的气管沿拖链敷设和绑扎,插接到电磁阀组上。

3. 电路设计及电气连接

根据工作任务书规定的控制要求,进行输送站控制电路的设计,并按照规定的PLC的I/O地址连接电气器件。

 注意事项

1)输送站机械手的DC 24V电源,是通过专用电缆由PLC侧的接线端子提供,经接线端子排引到冲压机上。接线时应注意，装配站侧接线端口中，输入信号端子的上层端子（24V）只能作为传感器的正电源端，切勿用于电磁阀等执行元件的负载。电磁阀等执行元件的正电源端和 0V 端应连接到输出信号端子下层端子的相应端子上。每一端子连接的导线不超过 2 根。

2) 按照输送机械手 PLC 的 I/O 接线原理图和规定的 I/O 地址接线。为接线方便，一般应该先接下层端子，后接上层端子。要仔细辨明原理图中的端子功能标注。要注意气缸磁性开关棕色和蓝色的两根线，原点开关是电感式接近传感器的棕色、黑色、蓝色三根线，作为限位开关的微动开关的棕色、蓝色两根线的极性不能接反。

3) 导线线端应该处理干净，无线芯外露，裸露铜线不得超过 2mm。一般应该做冷压插针处理。线端应该套规定的线号。

4) 导线在端子上的压接，以用手稍用力外拉不动为宜。

5) 导线走向应该平顺有序，不得重叠挤压折曲，顺序凌乱。线路应该用尼龙扎带进行绑扎，以不使导线外皮变形为宜。装置侧接线完成后，应用扎带绑扎，力求整齐美观。

6) 输送机械手的按钮/指示灯模块，按照端子接口的规定连接。

7) 输送机械手拖链中的气路管线和电气线路要分开敷设，长度要略长于拖链。电、气管线在拖链中不能相互交叉、打折、纠结，要有序排布，并用尼龙扎带绑扎。

8) 进行松下 MINAS A5 系列伺服电动机驱动器接线时，驱动器上的 L1、L2 要与 AC 220V 电源相连；U、V、W 端与伺服电动机电源端连接。接地端一定要可靠连接保护地线。伺服驱动器的信号输出端要和伺服电动机的信号输入端连接。具体接线应参照伺服说明书。要注意伺服驱动器使能信号线的连接。

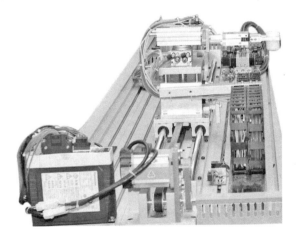

图 3-57 输送机械手气动及电气接线实物图

输送机械手气动及电气接线实物图如图 3-57 所示。

4. 伺服驱动器相应参数设置

完成电气接线后，应参照松下 MINAS A5 系列伺服驱动器的说明书，对伺服驱动器的相应参数进行设置，如位置环工作模式、加减速时间等。设置方法及要求详见项目设计中内容。

（三）自动供料机装置侧的装配及定位安装

1. 组件的装配

按照项目一中自动线的自动供料机装配训练要求，完成自动供料机装置侧的装配任务。首先把自动供料机各零件组合成整体安装时的组件，然后把组件进行组装。装配注意事项详见项目一。安装步骤如下：

1) 铝合金框架结构安装。

2) 气缸的安装。

3）气路电磁阀安装。

4）工件检测传感器安装。

5）金属检测传感器安装。

6）接线端口安装。

2. 气路连接及调试

自动供料机气路连接步骤及要求详见项目三中内容，从自动供料机电磁阀组汇流排开始，根据项目一所设计气路原理图进行气路的连接。注意事项详见项目一中内容。

3. 电路设计及电气连接

根据工作任务书规定的控制要求，进行自动供料机控制电路的设计，并按照规定的PLC的I/O地址连接电气器件。注意事项详见项目三中内容。

自动供料机气动及电气接线实物图如图3-58所示。

4. 供料机在工作台上定位安装

完成自动供料机装置侧的装配后，将装配好的供料站安装到装配生产线的工作台上。注意安装位置满足图样要求。沿 Y 方向的定位，需满足输送单元机械手在伸出状态时，能顺利在供料站的物料台上抓取和放下工件。自动供料机安装后位置效果如图3-59所示。

图3-58 自动供料机气动及电气接线实物图

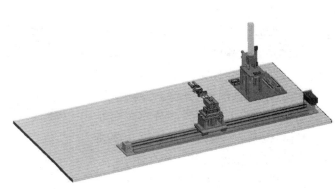

图3-59 自动供料机安装后位置效果

（四）自动冲压机装置侧的装配及定位安装

1. 组件的装配

按照项目一中工程训练要求，完成加工站装置侧的装配任务。首先把自动冲压机各零件组合成整体安装时的组件，然后把组件进行组装。安装步骤如下：

1）铝合金框架结构的安装。

2）薄型气缸安装。

3）气路电磁阀组安装。

4）滑动加工台直线导轨安装。

5）滑动加工台伸缩直线气缸安装。
6）滑动加工台气动机械手爪安装。
7）漫射式光电传感器安装。
8）气缸上的磁性开关安装。
9）接线端口安装。

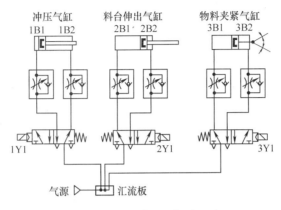

图 3-60　自动冲压机气动回路

2. 气路连接及调试

自动冲压机气路连接从自动冲压机电磁阀组汇流排开始，图 3-60 为自动冲压机气动回路。

3. 电路设计及电气连接

根据工作任务书规定的控制要求，进行自动冲压机控制电路的设计，并按照规定的 PLC 的 I/O 地址连接电气器件。

连接好的气动及电气连接实物图如项目一中工程训练中的图 1-62、图 1-63 所示。

4. 自动冲压机在工作台上定位安装

完成加工站装置侧的装配后，将装配好的自动冲压机安装到装配生产线的工作台上。注意安装位置满足图样要求。沿 Y 方向的定位，需满足输送单元机械手在伸出状态时，能顺利在加工站的物料台上抓取和放下工件。自动冲压机安装后位置效果如图 3-61 所示。

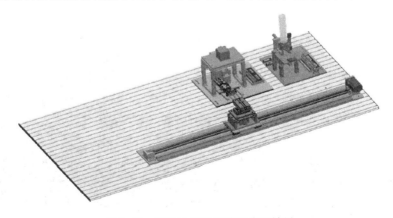

图 3-61　自动冲压机安装后位置效果

（五）组装机装置侧的装配及定位安装

1. 组件的装配

组装机安装步骤如下：

1）铝合金框架结构的安装。
2）顶料气缸、挡料气缸安装。
3）气动摆台回转气缸安装。
4）气动机械手爪伸缩导杆气缸、升降气缸安装。
5）气路电磁阀安装。
6）料仓和装配台光电传感器安装。
7）接线端口安装。

组装机是整个装配线中所包含气动元器件较多、结构较为复杂的站，为了减小安装的难度和提高安装时的效率，在装配前，应认真分析该结构组成，认真观看录像，认真思考，做好记录。遵循先前的思路，先成组件，再进行总装。

2. 气路连接及调试

从组装机电磁阀组汇流排开始，组装机气动回路如图3-62所示。

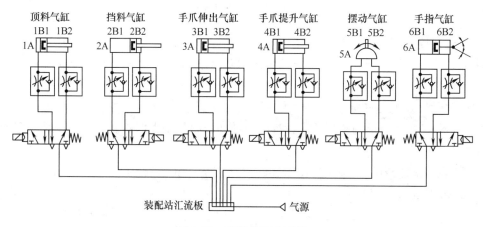

图 3-62　组装机气动回路

3. 电路设计及电气连接

根据工作任务书规定的控制要求，进行组装机控制电路的设计，并按照规定的PLC的I/O地址连接电气器件。

组装机气动及电气接线实物图如图3-63所示。

4. 组装机在工作台上定位安装

完成组装机装置侧的装配后，将装配好的组装机安装到YL-335B自动生产线的工作台上。注意安装位置满足图样要求。沿Y方向的定位，需满足输送机械手在伸出状态时，能顺利在组装机的物料台上抓取和放下工件。组装机安装后位置效果如图3-64所示。

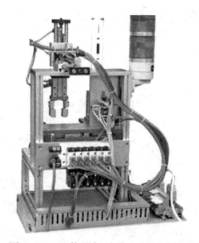

图 3-63　组装机气动及电气接线实物图

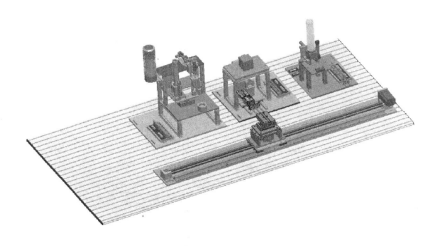

图 3-64　组装机安装后位置效果

（六）自动分拣系统装置侧的装配及定位安装

1. 组件的装配

按照项目二中自动分拣系统装配训练要求，完成自动分拣系统装置侧的装配任务。首先把自动分拣系统各零件组合成整体安装时的组件，然后把组件进行组装。装配注意事项详见项目二中内容。安装步骤如下：

1）传送带的安装。

2）铝合金框架结构安装。

3）分拣气缸的安装。

4）气路电磁阀安装。

5）入料口工件光电传感器安装。

6）光纤传感器安装。

7）金属传感器安装。

8）变频调速电动机安装。

9）旋转编码器安装。

10）接线端口安装。

2. 气路连接及调试

自动分拣系统气路连接步骤及要求详见项目二中内容，从分拣系统电磁阀组汇流排开始，根据所设计气路原理图进行气路的连接。

3. 电路设计及电气连接

根据工作任务书规定的控制要求，进行自动分拣系统控制电路的设计，并按照规定的 PLC 的 I/O 地址连接电气器件。

连接好的气动及电气接线实物图如图 3-65 所示。

图 3-65　自动分拣系统气动及电气接线实物图

4. 自动分拣系统在工作台上定位安装

完成分拣系统装置侧的装配后,将装配好的分拣系统安装到 YL-335B 自动生产线的工作台上。注意安装位置满足图样要求。沿 Y 方向的定位,应使传送带上进料口中心点与输送机械手直线导轨中心线重合,沿 X 方向的定位,应确保输送机械手运送工件到分拣系统时,能准确地把工件放到进料口中心上。自动分拣系统安装后位置效果如图 3-66 所示。

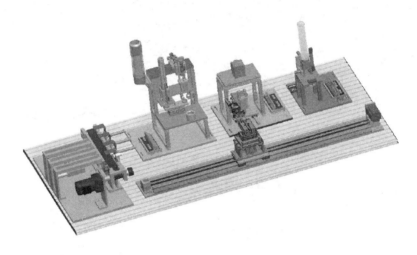

图 3-66　自动分拣系统安装后位置效果

5. 相关参数的设置和测试

电气接线及安装定位完成后,应进行变频器有关参数的设定,并测试旋转编码器的脉冲当量。具体的方法及注意事项详见本项目项目设计中内容。

装配线设备安装考核评分表见表 3-14。

表 3-14　装配线设备安装考核评分表

姓名			同组		开始时间			
专业/班级					结束时间			
项目内容	考核要求	配分	评分标准			扣分	自评	互评
按照元件清单核对元件数量并检查元件质量	1. 正确清点元件数量 2. 正确检查元件质量	15	1. 材料清点有误扣 2 分 2. 检查元件方法有误扣 2 分 3. 坏的元件没有检查出来扣 2 分					
供料机的装配	1. 正确完成装配 2. 紧固件无松动	10	1. 装配未能完成,扣 6 分 2. 装配完成但有紧固件松动现象,扣 2 分					
自动冲压机的装配	1. 正确完成装配 2. 紧固件无松动	10	1. 装配未能完成,扣 6 分 2. 装配完成但有紧固件松动现象,扣 2 分					
组装机的装配	1. 正确完成装配 2. 紧固件无松动	10	1. 装配未能完成,扣 6 分 2. 装配完成但有紧固件松动现象,扣 2 分					

(续)

姓名		同组		开始时间			
专业/班级				结束时间			
项目内容	考核要求	配分	评分标准		扣分	自评	互评
自动分拣系统的装配	1. 正确安装传送带及构件 2. 正确安装驱动电动机 3. 紧固件无松动	15	1. 传送带及构件安装位置与要求不符,扣3分 2. 驱动电动机安装不正确,引起运行时振动,扣5分 3. 有紧固件松动现象,扣3分				
输送机械手的装配	1. 正确装配抓取机械手 2. 正确调整摆动气缸摆角	15	1. 抓取机械手装置装配不当,扣5分 2. 摆动气缸摆角调整不恰当,扣5分				
生产线的总体安装	1. 正确安装工作站 2. 紧固件无松动	10	1. 工作站安装位置与要求不符,每个扣5分 2. 有紧固件松动现象,扣5分				
职业素养与安全意识	现场操作安全保护符合安全操作规程;工具摆放、物品包装、导线线头等的处理符合职业岗位的要求;团队有分工有合作,配合紧密;遵守课堂纪律;爱惜设备和器材,保护工位的整洁	10					
教师点评			总成绩				

(七) 装配生产线主气路连接

由系统气源开始,按气路系统原理图用气管连接至各分站电磁阀组汇流排。主气路的连接步骤如下:

1) 先仔细读懂总气路图。

2) 自空气压缩机的管路出口,用专用气管与气源处理装置的入口连接。

3) 自气源处理装置的出口,与主快速三通接头(也可为快速六通接头)的入口连接。

4) 快速三通的出口之一与装配站电磁阀组汇流排的入口连接,另一出口与分拣站电磁阀组汇流排的入口相连。

5) 快速三通的出口之一与供料站电磁阀组汇流排的入口连接。

6) 快速三通的出口之一与加工站电磁阀组汇流排的入口连接,另一出口与输送站电磁阀组汇流排入口连接。

注意事项

1) 该生产线的气路系统气源,由一台空气压缩机提供。空气压缩机气缸体积应该大于50L,流量应大于$0.25 m^3/s$,所提供的压力为$0.6 \sim 1.0 MPa$,输出压力为$0 \sim 0.8 MPa$可调。输出的压缩空气通过快速三通接头和气管输送到各工作单元。

2）图 3-67 为装配生产线的气源处理装置，所示气源的气体须经过一气源处理组件进行过滤，并装有快速泄压装置。

3）自动生产线的空气工作压力要求为 0.6MPa，要求气体洁净、干燥、无水分、油气、灰尘。

4）注意安全生产，在通气前应先检查气路的气密性。在确认气路连接正确并且无泄漏的情况下，方能进行通气实验。油水分离器的压力调节旋钮向上拔起右旋，要逐渐增加并注意观察压力表，增加到额定气压后压下锁紧。气流在调试之前要尽量小一点，在调试过程中逐渐加大到适合的气流。

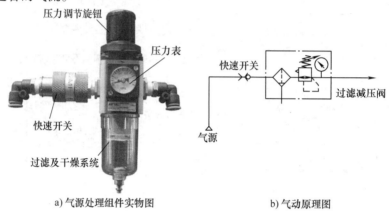

图 3-67 装配生产线的气源处理装置

气路连接安装评分表见表 3-15。

表 3-15 气路连接安装评分表

姓名			同组		开始时间		
专业/班级					结束时间		
项目内容	考核要求	配分	评分标准		扣分	自评	互评
绘制气路总图	正确绘制总气路图	10	总气路图绘制有错误，每处扣0.5 分				
绘制各自动机气路图	正确绘制各自动机气路图	5	气路绘制有误，每处扣 1 分				
从气泵出来的主气路装配	1. 正确连接气路 2. 气路连接无漏气现象	5	气路连接未完成或有错，每处扣 2 分；气路连接有漏气现象，每处扣 1 分				
供料机气路装配	正确安装供料机气路	5	气缸节流阀调节不当，每处扣 1 分				
自动冲压机气路的装配	正确安装冲压机气路	5	气路连接有漏气现象，每处扣 1 分				
组装机气路的装配	正确安装装配站气路	5	气路连接有漏气现象，每处扣 1 分				
分拣系统气路的装配	正确安装分拣系统气路	5	气路连接有漏气现象，每处扣 1 分				

（续）

姓名			同组		开始时间		
专业/班级					结束时间		
项目内容	考核要求	配分	评分标准		扣分	自评	互评
按质量要求检查整个气路	正确安装输送机械手	10	气管没有绑扎或气路连接凌乱，扣2分				
按质量要求检查整个气路	气路连接无漏气现象	10	气路连接有漏气现象，每处扣1分				
各部分设备的测试	正确完成各部分测试	5	每处扣1分				
整个装置的功能调试	成功完成整个装置的功能调试	10	调试未成功，扣3分				
如果有故障及时排除	及时排除故障	10	故障未排除，扣3分				
对老师发现和提出的问题进行回答	正确回答老师提出的问题	5	未能回答老师提出的问题扣2分				
职业素养和安全意识	现场操作安全保护符合安全操作规程；工具摆放、物品包装、导线线头等的处理符合职业岗位的要求；团队有分工有合作，配合紧密；遵守课堂纪律；爱惜设备和器材，保护工位的整洁	10					
教师点评			总成绩				

（八）装配生产线电源电路连接

根据任务要求，设计电源电路然后进行连接。供电电源一次回路原理图如图3-68所示。

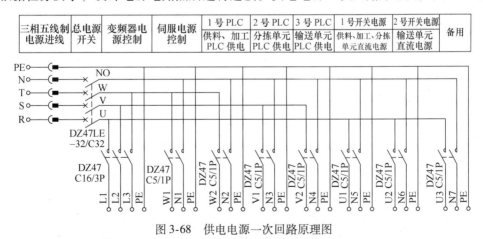

图3-68 供电电源一次回路原理图

供电电源接线图如图3-69所示，外部供电电源为三相五线制AC 380V/220V，总电源开关选用DZ47LE-32/C32型三相四线漏电开关。系统各主要负载通过断路器单独供电。其中，变频器电源通过 DZ47C16/3P 三相断路器供电；各工作站 PLC 均采用 DZ47C5/2P 单相断路器供电。此外，系统配置 2 台 DC 24V 6A 开关稳压电源分别用作供料、加工和分拣单元及输送单元的直流电源。

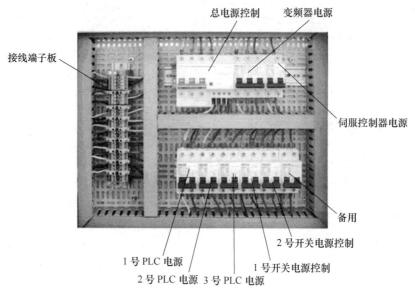

图 3-69　供电电源接线图

二、软件实现

1. 网络的组建

装配生产线控制系统中有五个 PLC 分别控制五个自动机，因此，要想实现全自动控制，需将这五个 PLC 联网，需采用 PPI 协议通信的分布式网络控制。

PPI 网络中主站（输送机械手）PLC 程序中，必须在上电第 1 个扫描周期，用特殊存储器 SMB30 指定其主站属性，从而使能其主站模式。SMB30 是 S7-200 PLC PORT0 自由通信口的控制字节，SMB30 各位表达的意义见表 3-16。

表 3-16　SMB30 各位表达的意义

bit7	bit6	bit5	bit4	bit3	bit2	bit1	bit0
p	p	d	b	b	b	m	m
pp:校验选择			d:每个字符的数据位			mm:协议选择	
00 = 不校验			0 = 8 位			00 = PPI/从站模式	
01 = 偶校验			1 = 7 位			01 = 自由口模式	
10 = 不校验						10 = PPI/主站模式	
11 = 奇校验						11 = 保留（未用）	
bbb：自由口波特率（单位：波特）							
000 = 38400			011 = 4800			110 = 115.2k	
001 = 19200			100 = 2400			111 = 57.6k	
010 = 9600			101 = 1200				

在 PPI 模式下，控制字节的 2~7 位是忽略掉的。即 SMB30 = 00000010，定义 PPI 主站。SMB30 中协议选择默认值是 00 = PPI 从站，因此，从站侧不需要初始化。

装配生产线系统中，按钮及指示灯模块的按钮、开关信号连接到输送单元的 PLC（S7-226 CN）输入口，以提供系统的主令信号。因此在网络中输送站是指定为主站的，其余各站均指定为从站。图 3-70 为装配生产线的 PPI 网络。

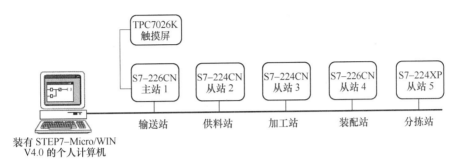

图 3-70　装配生产线的 PPI 网络

（1）向 PLC 各站下载 PPI 网络通信参数　对网络上每一台 PLC，设置其系统块中的通信端口参数，对用作 PPI 通信的端口（PORT0 或 PORT1），指定其地址（站号）和波特率。设置后把系统块下载到该 PLC。具体操作如下：

运行个人计算机上的 STEP 7 Micro/WIN V4.0（SP5）程序，打开设置端口界面，如图 3-71 所示。利用 PPI/RS-485 编程电缆单独地把输送机械手 CPU 系统块里设置端口 0 为 1 号站，波特率为 19.2kbit/s（图中为 kbps），设置输送机械手 PLC 端口 0 参数，如图 3-72 所示。同样方法设置自动供料机 CPU 端口 0 为 2 号站，波特率为 19.2kbit/s；自动冲压机 CPU 端口 0 为 3 号站，波特率为 19.2kbit/s；组装机 CPU 端口 0 为 4 号站，波特率为 19.2kbit/s；

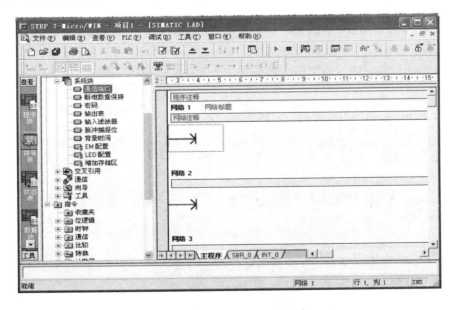

图 3-71　打开设置端口界面

最后设置自动分拣系统 CPU 端口 0 为 5 号站，波特率为 19.2kbit/s。分别把系统块下载到相应的 CPU 中。

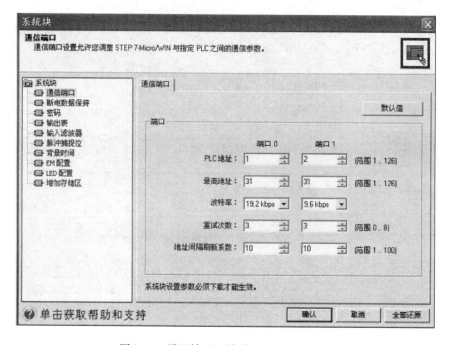

图 3-72　设置输送机械手 PLC 端口 0 参数

（2）计算机与主站、主站与从站之间的网络连接　利用网络接头和网络线把各台 PLC 中用作 PPI 通信的端口 0 连接，所使用的网络接头中，2#～5#站用的是标准网络连接器，1#站用的是带编程接口的连接器，该编程口通过 RS-232/PPI 多主站电缆与个人计算机连接。

然后利用 STEP 7 Micro/WIN V4.0 软件和 PPI/RS485 编程电缆搜索出 PPI 网络的 5 个站。PPI 网络上的 5 个站如图 3-73 所示。

（3）编写主站网络读写程序段　如前所述，在 PPI 网络中，只有主站程序中使用网络读写指令来读写从站信息。而从站程序没有必要使用网络读写指令。

在编写主站的网络读写程序前，应预先规划好下面数据：

① 主站向各从站发送数据的长度（字节数）。
② 发送的数据位于主站何处。
③ 数据发送到从站的何处。
④ 主站从各从站接收数据的长度（字节数）。
⑤ 主站从从站的何处读取数据。
⑥ 接收到的数据放在主站何处。

以上数据，应根据系统工作要求、信息交换量等统一筹划。考虑 YL-335B 中，各工作站 PLC 所需交换的信息量不大，主站向各从站发送的数据只是主令信号，从从站读取的也只是各从站状态信息，发送和接收的数据均 1 个字（2 个字节）已经足够。网络读写数据规划实例见表 3-17。

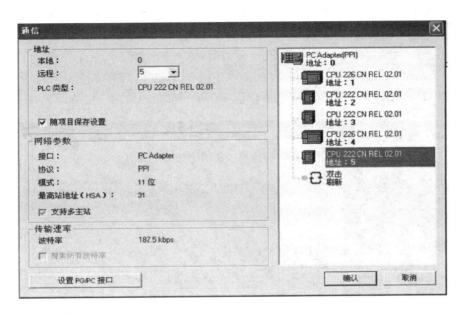

图 3-73　PPI 网络上的 5 个站

表 3-17　网络读写数据规划实例

输送站	供料站	加工站	装配站	分拣站
1#站（主站）	2#站（从站）	3#站（从站）	4#站（从站）	5#站（从站）
发送数据的长度	2 字节	2 字节	2 字节	2 字节
从主站何处发送	VB1000	VB1000	VB1000	VB1000
发往从站何处	VB1000	VB1000	VB1000	VB1000
接收数据的长度	2 字节	2 字节	2 字节	2 字节
数据来自从站何处	VB1010	VB1010	VB1010	VB1010
数据存到主站何处	VB1200	VB1204	VB1208	VB1212

网络读写指令可以向远程站发送或接收 16 个字节的信息，在 CPU 内同一时间最多可以有 8 条指令被激活。YL-335B 有 4 个从站，因此考虑同时激活 4 条网络读指令和 4 条网络写指令。

根据上述数据，即可编制主站的网络读写程序。但更简便的方法是借助网络读写向导程序。这一向导程序可以快速简单地配置复杂的网络读写指令操作，为所需的功能提供一系列选项。一旦完成，向导将为所选配置生成程序代码。并初始化指定的 PLC 为 PPI 主站模式，同时使能网络读写操作。

要启动网络读写向导程序，在 STEP 7 Micro/WIN V4.0 软件命令菜单中选择工具→指令导向，并且在指令向导窗口中选择 NETR/NETW（网络读写），单击"下一步"后，就会出现 NETR/NETW 指令向导界面，如图 3-74 所示。

本界面和紧接着的下一个界面，将要求用户提供希望配置的网络读写操作总数、指定进行读写操作的通信端口、指定配置完成后生成的子程序名字，完成这些设置后，将进入对具体每一条网络读或写指令的参数进行配置的界面。

在本任务中，8项网络读写操作如下安排：第1~4项为网络写操作，主站向各从站发送数据，主站读取各从站数据；第5~8项为网络写操作，主站读取各从站数据。图3-75为对自动供料机的网络写操作，第1项操作配置界面，选择NETW操作，按表3-17，主站（输送站）向各从站发送的数据都位于主站PLC的VB1000~VB1001处，所有从站都在其PLC的VB1000~VB1001处接收数据。所以前4项填写都是相同的，仅站号不一样。

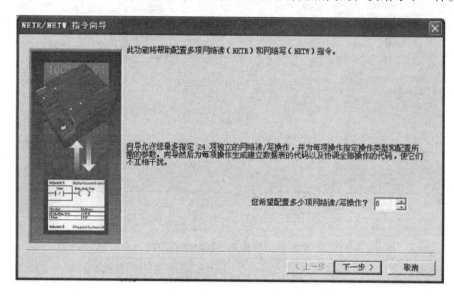

图3-74　NETR/NETW指令向导界面

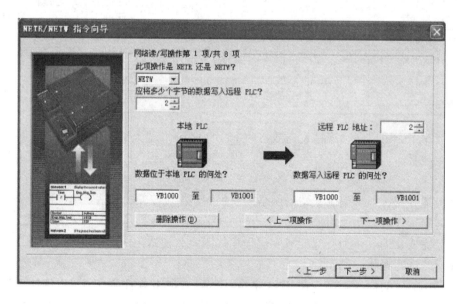

图3-75　对自动供料机的网络写操作

完成前4项数据填写后，再单击"下一项操作"，进入第5项配置，5~8项都是选择网络读操作，按表3-17中各站规划逐项填写数据，直至8项操作配置完成。

8项配置完成后，单击"下一步"，导向程序将要求指定一个V存储区的起始地址，以便将此配置放入 V 存储区。这时若在选择框中填入一个 VB 值（例如，VB1000），单击"建议地址"，程序自动建议一个大小合适且未使用的 V 存储区地址范围，如图 3-76 所示。

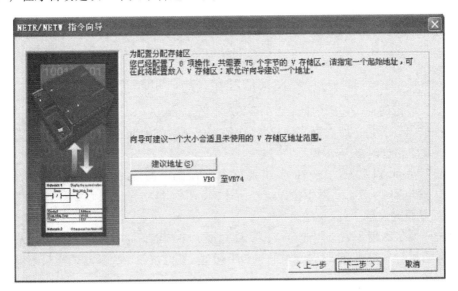

图 3-76　为配置分配存储区

单击"下一步"，全部配置完成，向导将为所选的配置生成项目组件，如图 3-77 所示。修改或确认图中各栏目后，单击"完成"，借助网络读写向导程序配置网络读写操作的工作

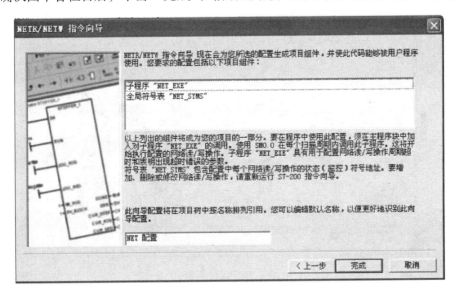

图 3-77　生成项目组件

结束。这时，指令向导界面将消失，程序编辑器窗口将增加 NET_EXE 子程序标记。

要在程序中使用上面所完成的配置，须在主程序块中加入对子程序"NET_EXE"的调用。使用 SM0.0 在每个扫描周期内调用此子程序，这将开始执行配置的网络读/写操作。子程序 NET_EXE 的调用梯形图如图 3-78 所示。

由图可见，NET_EXE 有 Timeout、Cycle、Error 等几个参数，它们的含义如下：

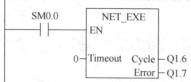

图 3-78 子程序 NET_EXE 的调用

Timeout：设定的通信超时时限，1～32767s，若 Timeout=0，则不计时。

Cycle：输出开关量，所有网络读/写操作每完成一次切换状态。

Error：发生错误时报警输出。

任务中 Timeout 设定为 0，Cycle 输出到 Q1.6，故网络通信时，Q1.6 所连接的指示灯将闪烁。Error 输出到 Q1.7，当发生错误时，所连接的指示灯将亮。

2. 人机界面的设置

利用循环策略，创建 2 个用户窗口：欢迎画面、主画面。主画面上有各工作站以及全线的工作状态指示灯、单机全线切换旋钮、启动/停止/复位按钮、变频器最高频率设定、机械手当前位置等。

欢迎画面是启动界面，触摸屏上电后运行，屏幕上方的标题文字向右循环移动。当触摸欢迎画面上任意部位时，都将切换到主画面。

欢迎画面和主画面分别如图 3-79 和图 3-80 所示。

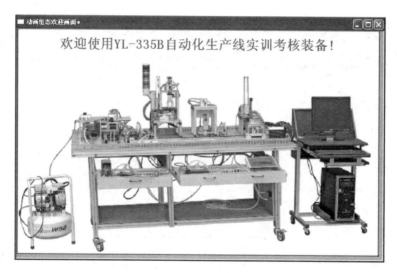

图 3-79 欢迎画面

（1）建立欢迎画面 选中"窗口 0"，单击"窗口属性"，进入用户窗口属性设置，包括：

1）窗口名称改为"欢迎画面"。

2）窗口标题改为：欢迎画面。

3）在"用户窗口"中，选中"欢迎"，单击右键，选择下拉菜单中的"设置为启动窗口"选项，将该窗口设置为运行时自动加载的窗口。

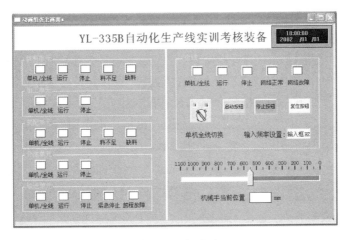

图 3-80 主画面

(2) 编辑欢迎画面 选中"欢迎画面"窗口图标,单击"动画组态",进入动画组态窗口开始编辑画面。

1) 装载位图:选择"工具箱"内的"位图"按钮,鼠标的光标呈"十"字形,在窗口左上角位置拖拽鼠标,拉出一个矩形,使其填充整个窗口。

在位图上单击右键,选择"装载位图",找到要装载的位图,单击选择该位图,需装载的位图选择如图 3-81 所示,然后单击"打开"按钮,则该图片装载到了窗口。

2) 制作按钮:单击绘图工具箱中的"▭"图标,在窗口中拖出一个大小合适的按钮,双击按钮,出现如图 3-82 所示的属性设置窗口。在"可见度属性"选项卡中点选"按钮不可见";在"操作属性"选项卡中单击"按下功能";打开用户窗口时选择主画面,并使数据对象"HMI 就绪"的值置 1。

图 3-81 需装载的位图选择

a) 基本属性页

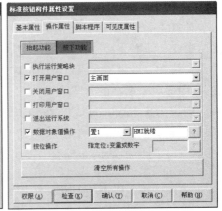

b) 操作属性页

图 3-82 属性设置

3）制作循环移动的文字框图：

① 选择"工具箱"内的"标签"按钮A，拖拽到窗口上方中心位置，根据需要拉出一个大小适合的矩形。在鼠标光标闪烁位置输入文字"欢迎使用 YL-335B 自动化生产线实训考核装备！"，按"Enter"键或在窗口任意位置用鼠标单击一下，完成文字输入。

② 静态属性设置如下：文字框的背景颜色：没有填充；文字框的边线颜色：没有边线；字符颜色：艳粉色；文字字体：华文细黑，字型：粗体，大小为二号。

③ 为了使文字循环移动，在"位置动画连接"中勾选"水平移动"，这时在对话框上端就增添"水平移动"选项卡。"水平移动"选项卡的设置如图 3-83 所示。

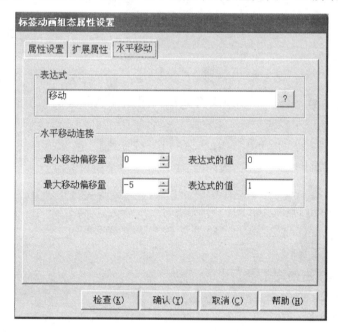

图 3-83 设置水平移动属性

设置说明如下：

① 为了实现"水平移动"动画连接，首先要确定对应连接对象的表达式，然后再定义表达式的值所对应的位置偏移量。图 3-83 中，定义一个内部数据对象"移动"作为表达式，它是一个与文字对象的位置偏移量成比例的增量值，当表达式"移动"的值为 0 时，文字对象的位置向右移动 0 点（即不动），当表达式"移动"的值为 1 时，对象的位置向左移动 5 点（-5），这就是说"移动"变量与文字对象的位置之间是一个斜率为 -5 的线性关系。

② 触摸屏图形对象所在的水平位置定义为：以左上角为坐标原点，单位为像素点，向左为负方向，向右为正方向。TPC7062KS 分辨率是 800×480，文字串"欢迎使用 YL-335B 自动化生产线实训考核装备！"向左全部移出的偏移量约为 -700 像素，故表达式"移动"的值为 +140。文字循环移动的策略是，如果文字串向左全部移出，则返回初始位置重新移动。

(3) 组态"循环策略"的具体操作

1）在"运行策略"中，双击"循环策略"进入策略组态窗口。

2）双击图标 进入"策略属性设置"，将循环时间设为：100ms，单击"确认"。

3）在策略组态窗口中，单击工具条中的"新增策略行"图标，增加一策略行，如图 3-84 所示。

图 3-84　新增策略行

4）单击"策略工具箱"中的"脚本程序"，将鼠标指针移到策略块图标　　上，单击鼠标左键，添加脚本程序构件，如图 3-85 所示。

图 3-85　添加脚本程序构件

5）双击　　进入策略条件设置，表达式中输入 1，即始终满足条件。

6）双击　　进入脚本程序编辑环境，输入下面的程序：

  if 移动 < = 140 then
    移动 = 移动 + 1
  else
    移动 = − 140
  endif

7）单击"确认"，脚本程序编写完毕。

（4）建立主画面

1）选中"窗口 1"，单击"窗口属性"，进入用户窗口属性设置。

2）将主画面窗口标题改为：主画面；"窗口背景"中，选择所需要颜色。

（5）定义数据对象和连接设备

1）定义数据对象：各工作站以及全线的工作状态指示灯、单机全线切换旋钮、启动/停止/复位按钮、变频器输入频率设定、机械手当前位置等，都是需要与 PLC 连接、进行信息交换的数据对象。定义数据对象的步骤如下：

① 单击工作台中的"实时数据库"窗口标签，进入实时数据库窗口页。

② 单击"新增对象"按钮，在窗口的数据对象列表中，增加新的数据对象。

③ 选中对象，按"对象属性"按钮，或双击选中对象，则打开"数据对象属性设置"窗口。然后编辑属性，最后加以确定。表 3-18 列出了全部与 PLC 连接的数据对象。

2）设备连接：使定义好的数据对象和 PLC 内部变量进行连接，步骤如下：

① 打开"设备工具箱"，在可选设备列表中，双击"通用串口父设备"，然后双击"西门子_S7200PPI"。出现"通用串口父设备"，"西门子_S7200PPI"。

② 设置通用串口父设备的基本属性，如图 3-86 所示。

③ 双击"西门子_S7200PPI"，进入设备编辑窗口，按表 3-18 的数据，逐个"增加设备

表 3-18　与 PLC 连接的数据对象

序号	对象名称	类型	序号	对象名称	类型
1	HMI 就绪	开关型	15	单机全线_供料	开关型
2	越程故障_输送	开关型	16	运行_供料	开关型
3	运行_输送	开关型	17	料不足_供料	开关型
4	单机全线_输送	开关型	18	缺料_供料	开关型
5	单机全线_全线	开关型	19	单机全线_加工	开关型
6	复位按钮_全线	开关型	20	运行_加工	开关型
7	停止按钮_全线	开关型	21	单机全线_装配	开关型
8	启动按钮_全线	开关型	22	运行_装配	开关型
9	单机全线切换_全线	开关型	23	料不足_装配	开关型
10	网络正常_全线	开关型	24	缺料_装配	开关型
11	网络故障_全线	开关型	25	单机全线_分拣	开关型
12	运行_全线	开关型	26	运行_分拣	开关型
13	急停_输送	开关型	27	手爪当前位置_输送	数值型
14	变频器频率_分拣	数值型			

图 3-86　设置通用串口父设备的基本属性

通道",如图 3-87 所示。

(6) 主画面制作和组态　按如下步骤制作和组态主画面:

1) 制作主画面的标题文字,插入时钟,在工具箱中选择直线构件,把标题文字下方的区域划分为如图 3-88 所示的两部分。区域左面制作各从站单元画面,右面制作主站输送单元画面。

2) 制作各从站单元画面并组态。以供料机组态为例,其画面如图 3-89 所示,图中还指

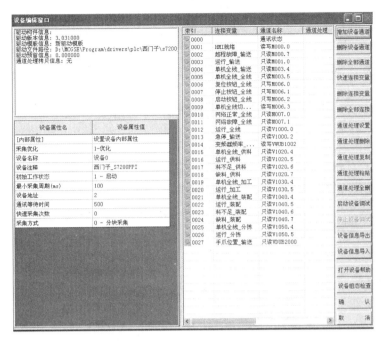

图 3-87 增加设备通道

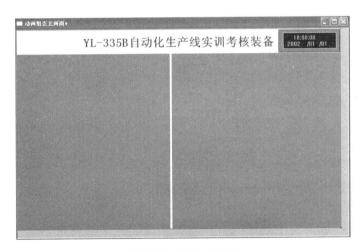

图 3-88 制作主画面

出了各构件的名称。这些构件的制作和属性设置前面已有详细介绍，但"供料不足"和"缺料"两状态指示灯有报警时闪烁功能的要求，下面通过制作供料站缺料报警指示灯着重介绍这一属性的设置方法。

与其他指示灯组态不同的是：缺料报警分段点 1 设置的颜色是红色，并且还需组态闪烁功能。步骤是：在"属性设置"选项卡的特殊动画连接框中勾选"闪烁效果"，"填充颜色"旁边就会出现"闪烁效果"选项卡，如图 3-90a 所示。单击"闪烁效果"选项卡，表达式选择为"料不足_供料"；在闪烁实现方式框中点选"用图元属性的变化实现闪烁"；填充颜色选择黄色，如图中 3-90b 所示。

3）制作主站输送单元画面。这里只着重说明滑动输入器的制作方法。步骤如下：

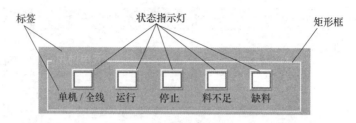

图3-89 供料单元组态画面

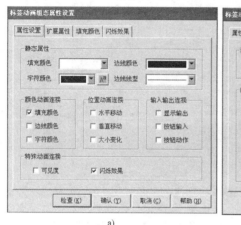
a)

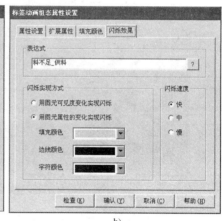
b)

图3-90 缺料报警分段点1设置

① 选中"工具箱"中的滑动输入器图标 ，当鼠标呈"十"后，拖动鼠标到适当大小。调整滑动块到适当的位置。

② 双击滑动输入器构件，进入如图3-91所示的属性设置窗口。按照下面的值设置各个参数：

a. "基本属性"选项卡中，滑块指向：指向左（上）。

b. "刻度与标注属性"选项卡中，"主划线数目"：11；"次划线数目"：2；小数位数：0。

c. "操作属性"选项卡中，对应数据对象名称：手爪当前位置_输送；滑块在最左（下）边时对应的值：1100；滑块在最右（上）边时对应的值：0。

d. 其他为默认值。

4）单击"权限"按钮，进入用户权限设置对话框，选择管理员组，单击"确认"按钮完成制作。图3-92是制作完成的效果图。

3. 编写和调试PLC控制程序

装配生产线是一个分布式控制的自动生产线，在设计它的整体控制程序时，应首先从它的系统性着手，通过组建网络，规划通信数据，使系统组织起来。然后根据各工作单元的工艺任务，分别编制各工作站的控制程序。

（1）主站单元控制程序的编制 输送站作为主站，其控制要求是：系统复位；机械手在自动供料机抓取工件；从供料站转移到冲压机；机械手在冲压机放下和抓取工件；从冲压机移到组装机；机械手在组装机放下和抓取工件；从组装机移到自动分拣系统；在自动分拣

图 3-91 滑动输入器构件属性设置

图 3-92 权限设置效果图

系统放下工件；抓取机械手返回原点。

1）输送站控制主程序的编制。

输送站是装配生产线系统中最为重要同时也是承担任务最为繁重的工作单元。主要体现在：①输送站 PLC 与触摸屏相连接，接收来自触摸屏的主令信号，同时把系统状态信息回馈到触摸屏；②作为网络的主站，要进行大量的网络信息处理；③需完成本站的，且联机方式下的工艺生产任务与单站运行时略有差异。因此，把输送站的单站控制程序修改为联机控制，工作量要大一些。

为了使程序更为清晰合理，编写程序前应尽可能详细地规划所需使用的内存。前面已经规划了供网络变量使用的内存，它们从 V1000 单元开始。在借助 NETR/NETW 指令向导生成网络读写子程序时，指定了所需使用的 V 存储区的地址范围（VB395～VB481，共占 87 个字节的 V 存储区）。在借助位控向导组态 PTO 时，也要指定所需使用的 V 存储区的地址范围。YL-335B 出厂例程编制中，指定的输出 Q0.0 的 PTO 包络表在 V 存储区的首址为 VB524，VB500～VB523 范围内的存储区是空着的，留给位控向导所生成的几个子程序 PTO0_CTR、PTO0_RUN 等使用。

主程序如图 3-93 所示。

2）输送机械手"运行控制"子程序的编制。

运行控制子程序流程说明如图 3-94 所示。

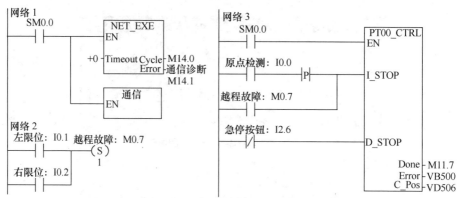

a) NET_EXE 子程序和 PT00_CTR 子程序的调用

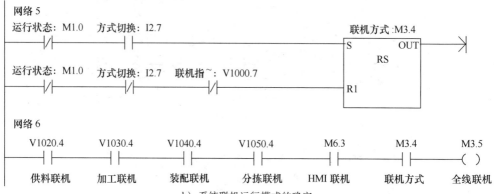

b) 系统联机运行模式的确定

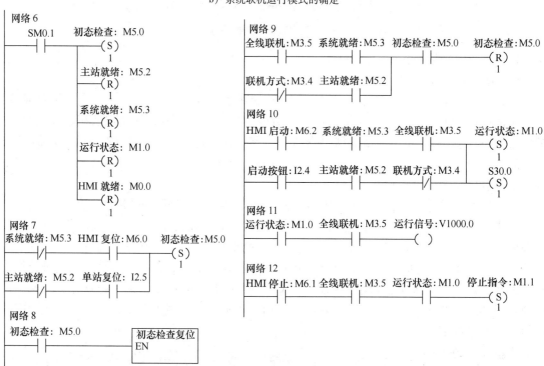

c) 初态检查及启动操作

图 3-93　主程序

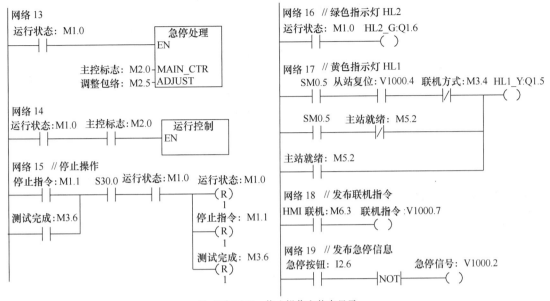

d) 运行过程、停止操作和状态显示

图 3-93 主程序（续）

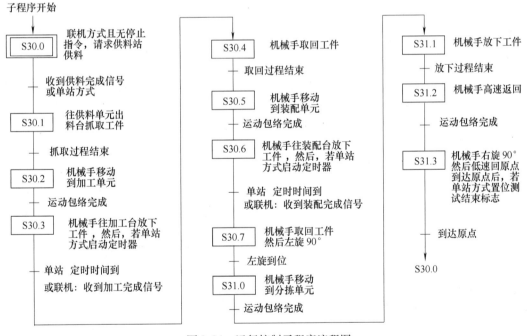

图 3-94 运行控制子程序流程图

3) 输送站"通信"子程序的编制。

"通信"子程序的功能包括从站报警信号处理、转发（从站间、HMI）以及向 HMI 提供输送站机械手当前位置信息。主程序在每一扫描周期都调用这一子程序。

① 报警信号处理、转发包括：供料站工件不足和工件没有的报警信号转发往装配站，为警示灯工作提供信息。

② 处理供料站"工件没有"或装配站"零件没有"的报警信号。

③ 向 HMI 提供网络正常/故障信息。

4) 向 HMI 提供输送站机械手当前位置信息通过调用 PTO0_LDPOS 装载位置子程序实现。

① 在每一扫描周期把由 PTO0_LDPOS 输出参数 C_Pos 报告的，以脉冲数表示的当前位置转换为长度信息（mm），转发给 HMI 的连接变量 VD2000。

② 当机械手运动方向改变时，相应改变高速计数器 HC0 的计数方式（增或减计数）。

③ 每当返回原点信号被确认后，使 PTO0_LDPOS 输出参数 C_Pos 清零。

(2) 自动供料机控制程序设计　自动供料机控制要求：系统启动后，若自动供料机的物料台上没有工件，则应把工件推到物料台上，并向系统发出物料台上有工件信号。若自动供料机的料仓内没有工件或工件不足，则向系统发出报警或预警信号。物料台上的工件被输送站机械手取出后，若系统启动信号仍然为 ON，则进行下一次推出工件操作。

根据控制要求，自动供料机需提供手动和联机两种控制模式。其中手动模式程序应包括两部分：一是如何响应系统的启动、停止指令和状态信息的返回；二是送料过程的控制。

(3) 自动冲压机控制程序设计　冲压机控制要求：冲压机物料台的物料检测传感器检测到工件后，执行把待加工工件从物料台移送到加工区域冲压气缸的正下方。完成对工件的冲压加工，然后把加工好的工件重新送回物料台的工件加工工序。操作结束，向系统发出加工完成信号。

根据控制要求，冲压机手动模式与供料站基本相同，只是多了一个急停按钮；联机模式程序也包括两部分：一是如何响应系统的启动、停止指令和状态信息的返回；二是对加工过程的控制。

(4) 组装机控制程序设计　组装机控制要求：自动冲压机物料台的物料检测传感器检测到工件后，执行把待加工工件从物料台移送到加工区域冲压气缸的正下方。完成对工件的冲压加工，然后把加工好的工件重新送回物料台的工件加工工序。操作结束，向系统发出加工完成信号。

根据控制要求，组装机手动模式与加工站相同；联机模式程序包括下料控制、抓料控制、指示灯和通信控制四部分。

(5) 自动分拣系统控制程序设计　自动分拣系统控制要求：系统接收到装配完成信号后，输送机械手应执行抓取已装配的工件的操作。该机械手装置逆时针旋转 90°，伺服电动机驱动机械手装置从装配站向分拣站运送工件，到达自动分拣系统传送带上方入料口后把工件放下。执行返回原点的操作。

根据控制要求，自动分拣系统主要完成变频器的操作、物料金属与非金属的区别、颜色属性的判别以及相应推出操作。

【项目运行】

根据任务书的控制要求，已经完成了装配生产线的各站的安装及 PLC 控制程序的编制，并通过通信电缆下载到生产单元的 PLC 模块中。装配生产线的每一个自动机都可自成一个独立的系统，同时也可以通过网络互连构成一个分布式的控制系统。为了确保所编制程序能够完全实现所要求的功能，需要根据不同的工作模式进行测试运行，系统的工作模式分为单站工作和全线运行模式。单站与全线工作模式的选择由各工作单元按钮/指示灯模块中的选择开关，并且结合人机界面触摸屏上的模式选择来实现，如图 3-95 所示。

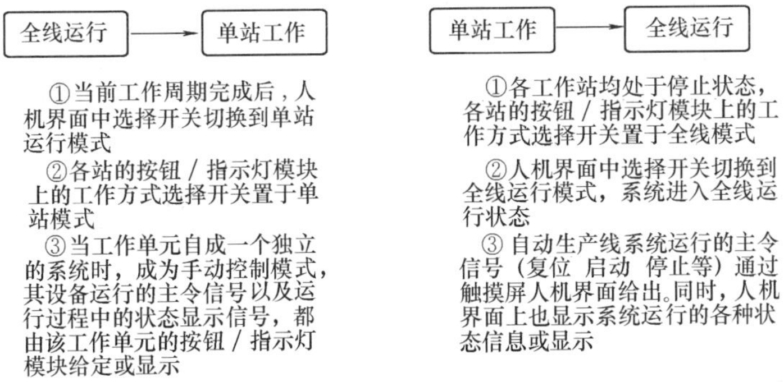

①当前工作周期完成后，人机界面中选择开关切换到单站运行模式
②各站的按钮/指示灯模块上的工作方式选择开关置于单站模式
③当工作单元自成一个独立的系统时，成为手动控制模式，其设备运行的主令信号以及运行过程中的状态显示信号，都由该工作单元的按钮/指示灯模块给定或显示

①各工作站均处于停止状态，各站的按钮/指示灯模块上的工作方式选择开关置于全线模式
②人机界面中选择开关切换到全线运行模式，系统进入全线运行状态
③自动生产线系统运行的主令信号（复位 启动 停止等）通过触摸屏人机界面给出。同时，人机界面上也显示系统运行的各种状态信息或显示

图 3-95　单站/全线模式切换

一、手动工作模式测试运行

（一）自动供料机的手动工作模式测试

在手动工作模式下，需在供料站侧首先把该站模式转换开关换到单站工作模式，然后用该站的启动和停止按钮操作，单步执行指定的测试项目（应确保料仓中至少有三件工件）。要从供料机单站运行方式切换到全线运行方式，须待供料站停止运行，且供料站料仓内有至少三件以上工件才有效。必须在前一项测试结束后，才能按下启动/停止按钮，进入下一项操作。顶料气缸和推料气缸活塞的运动速度通过节流阀进行调节。

（二）自动冲压机的手动工作模式测试

在手动工作模式下，操作人员需在自动冲压机侧首先把该站模式转换开关换到单站工作模式，然后用该站的启动和停止按钮操作，单步执行指定的测试项目。要从自动冲压机手动测试方式切换到自动运行方式，须按下停止按钮，且料台上没有工件才有效。必须在前一项测试结束后，才能按下启动/停止按钮，进入下一项操作。气动手指和冲头气缸活塞的运动速度通过节流阀进行调节。

（三）组装机的手动工作模式测试

在手动工作模式下，操作人员需在装配站侧首先把该站模式转换开关换到单站工作模式，然后用该站的启动和停止按钮操作，单步执行指定的测试项目（应确保料仓中至少有三件以上工件）。要从组装机手动测试方式切换到全线运行方式，在停止按钮按下，且料台上没有装配完的工件时才有效。必须在前一项测试结束后，才能按下启动/停止按钮，进入下一项操作。顶料气缸和挡料气缸、气动手指和气动摆台活塞的运动速度通过节流阀进行调节。

（四）自动分拣系统手动工作模式测试

手动工作模式下，需在分拣系统侧首先把该站模式转换开关换到单站工作模式，然后用该站的启动和停止按钮操作，单步执行指定的测试项目（测试时传送带上工件用人工放下）。要从分拣系统手动测试方式切换到全线运行方式，须待分拣站传送带完全停止后有效。只有在前一项测试结束后，才能按下启动/停止按钮，进入下一项操作。推杆气缸活塞的运动速度通过节流阀进行调节。

（五）输送机械手的手动工作模式测试

在手动工作模式下，操作人员需在输送站侧首先把该站模式转换开关换到单站工作模式，然后用该站的启动和停止按钮操作，单步执行指定的测试项目。要从手动测试方式切换到全线运行方式，须待按下停止按钮，且供料机物料台上没有工件，必须在前一项测试结束后，才能按下启动/停止按钮，进入下一项操作。气动手指和气动摆台活塞的运动速度通过节流阀进行调节。伺服电动机脉冲驱动计数准确。

二、全线运行模式测试

全线运行模式下各工作站的工作顺序以及对输送机械手装置运行速度的要求，与单站运行模式一致。全新运行步骤如下：

（一）复位过程

系统上电，PPI网络正常后开始工作。触摸人机界面上的复位按钮，执行复位操作，在复位过程中，绿色警示灯以2Hz的频率闪烁。红色和黄色灯均熄灭。

复位过程包括：使输送站机械手装置回到原点位置和检查各工作站是否处于初始状态。各工作站初始状态是指：

1）各工作单元气动执行元件均处于初始位置。
2）供料单元料仓内有足够的待加工工件。
3）装配单元料仓内有足够的小圆柱零件。
4）输送站的紧急停止按钮未按下。

当输送机械手装置回到原点位置，且各工作站均处于初始状态时，则复位完成，绿色警示灯常亮，表示允许启动系统。这时若触摸人机界面上的启动按钮，系统启动，绿色和黄色警示灯均常亮。

（二）自动供料机的运行

系统启动后，若自动供料机的出料台上没有工件，则应把工件推到出料台上，并向系统发出出料台上有工件信号。若自动供料机的料仓内没有工件或工件不足，则向系统发出报警或预警信号。出料台上的工件被输送站机械手取出后，若系统仍然需要推出工件进行加工，则进行下一次推出工件操作。

（三）输送机械手运行1

当工件推到自动供料机出料台后，输送机械手抓取机械手装置应执行抓取供料站工件的操作。动作完成后，伺服电动机驱动机械手装置移动到自动冲压机加工物料台的正前方加工站的加工台上。

（四）自动冲压机运行

自动冲压机加工台的工件被检出后，执行加工过程。当加工好的工件重新送回待料位置时，向系统发出冲压加工完成信号。

（五）输送机械手运行2

系统接收到加工完成信号后，输送机械手应执行抓取已加工工件的操作。抓取动作完成后，伺服电动机驱动机械手装置移动到装配站物料台的正前方，然后把工件放到装配站物料台上。

（六）组装机运行

组装机物料台的传感器检测到工件到来后，开始执行装配过程。装入动作完成后，向系统发出装配完成信号。

如果组装机的料仓或料槽内没有小圆柱工件或工件不足，应向系统发出报警或预警信号。

（七）输送机械手运行3

系统接收到组装机完成信号后，输送机械手应抓取已装配的工件，然后从组装机向分拣站运送工件，到达自动分拣系统传送带上方入料口后把工件放下，然后执行返回原点的操作。

（八）自动分拣系统运行

输送机械手装置放下工件、缩回到位后，自动分拣系统的变频器即启动，驱动传动电动机以80%最高运行频率（由人机界面指定）的速度，把工件带入分拣区进行分拣，工件分拣原则与单站运行相同。当分拣气缸活塞杆推出工件并返回后，应向系统发出分拣完成信号。

（九）停止指令的处理

仅当自动分拣系统分拣工作完成，并且输送站机械手装置回到原点时，系统的一个工作周期才认为结束。如果在工作周期期间没有触摸过停止按钮，系统在延时1s后开始下一周期工作。如果在工作周期期间曾经触摸过停止按钮，系统工作结束，警示灯中黄色灯熄灭，绿色灯仍保持常亮。系统工作结束后若再按下启动按钮，则系统又重新工作。

项目完成后，应对各任务完成情况进行验收和评定，验收表见表3-19。

表3-19　项目验收表

评分内容		配分	评分标准	扣分	得分	备注
机械安装及其装配工艺	自动分拣系统	6	装配未完成或装配错误导致传动机构不能运行，扣6分			累计扣分后，最高扣15分（传感器安装调整不正确导致工作不正常合并到编程扣分）
			驱动电动机或联轴器安装及调整不正确，每处扣1.5分			
			传送带打滑或运行时抖动、偏移过大，每处扣1分			
			推出工件不顺畅或有卡住现象，每处扣1分			
			有紧固件松动现象，每处扣0.5分			
	输送装置装配	7	直线传动组件装配、调整不当导致无法运行扣4分，运行不顺畅酌情扣分，最多扣2分			
			抓取机械手装置未完成或装配错误以致不能运行，扣3分，装配不当导致部分动作不能实现，每一个动作扣1分			
			拖链机构安装不当或松脱妨碍机构正常运行扣1.5分			
			摆动气缸摆角调整不恰当，扣1分			
			有紧固件松动现象，每处扣0.5分			
	工作单元安装	2	工作单元安装定位与要求不符，每处扣0.5分，最多扣1.5分。有紧固件松动现象，扣0.5分			
气路连接及工艺		5	气路连接未完成或有错，每处扣2分			
			气路连接有漏气现象，每处扣1分			
			气缸节流阀调整不当，每处扣1分			
			气管没有绑扎或气路连接凌乱，扣2分			

(续)

评分内容	配分	评分标准	扣分	得分	备注
电路设计	8	制图草率,手工画图扣4分			累计扣分后,最高扣8分
		电路图符号不规范,每处扣0.5分,最多扣2分			
		不能实现要求的功能、可能造成设备或元件损坏,漏画元件,每处扣1分;最多扣4分			
		漏画必要的限位保护、接地保护等,每处扣1分,最多扣3分			
		提供的设计图缺少编码器脉冲当量测试表或伺服电动机参数设置表,每处扣1分,表格数据不符合要求,每处扣0.5分,最多扣2分			
电路连接及工艺	7	伺服驱动器及电动机接线错误导致不能运行扣2分			累计扣分后,最高扣7分
		变频器及驱动电动机接线错误导致不能运行扣2分,没有接地,扣1分			
		必要的限位保护未接线或接线错误扣1.5分			
		端子连接,插针压接不牢或超过2根导线,每处扣0.5分,端子连接处没有线号,每处扣0.5分。两项最多扣3分			
		电路接线没有绑扎或电路接线凌乱,扣1.5分			
自动供料机运行	3.5	不能按照控制要求正确执行推出工件操作,扣1分			
		推料气缸活塞杆返回时被卡住,扣1分			
		不能按照控制要求处理"工件不足"和"工件没有"故障,每处扣0.5分			
		指示灯亮灭状态不满足控制要求,每处扣0.5分			
自动冲压机运行	3	工件加工操作不符合控制要求,扣1.5分			
		不能按照控制要求执行急停处理,扣1分			
		指示灯亮灭状态不满足控制要求,每处扣0.5分			
装配运行	5	缺少初始状态检查,扣1分			
		料仓中零件供出操作不满足控制要求,扣1分			
		回转台不能完成把小圆柱零件转移到装配机械手手爪下,扣1分。能实现回转,但定位不准确,扣0.5分			
		装配操作动作不正确或未完成,每处扣0.5分,最多扣2.5分			
		不能按照控制要求处理"零件不足"和"零件没有"故障,每处扣0.5分			
		指示灯亮灭状态不满足控制要求,每处扣0.5分			
自动分拣系统运行	6.5	变频器启动时间或运行频率不满足控制要求,每处扣1分			
		不能按照控制要求正确分拣工件,每处扣1分,推出工件时偏离滑槽中心过大,每处扣0.5~1分			
		指示灯亮灭状态不满足控制要求,每处扣0.5分			

(续)

评分内容		配分	评分标准	扣分	得分	备注
输送机械手运行（10分）	系统复位过程	1.5	上电后,抓取机械手装置不能自动复位回原点,或返回时右限位开关动作,扣1.5分 定位误差过大,影响机械手抓取工作时,酌情扣分,最多扣1分,不能确定复位完成信号,扣1分			累计扣分后,最高扣1.5分
	机械手抓取和放下工件	3	由于机械或电气接线等原因,不能完成机械手抓取或放下工件操作,扣3分 抓取工件操作逻辑不合理,导致抓取或放下过程不顺畅,每处扣0.5分,最多扣1.5分			
	等待时间	1	机械手在加工或装配站的等待时间不满足控制要求,每处扣0.5分			
	机械手前进到目标站	3	不能完成移动操作,扣3分;能完成移动操作,但定位误差过大,影响机械手放下工件的工作时,酌情扣分,最多扣1.5分,移动速度不满足要求,扣1.5分			
	机械手返回原点	1.5	手爪在伸出状态移动机械手扣1分,但不重复扣分 返回过程缺少高速段,扣1.5分 返回时发生右限位开关动作,扣1.5分 定位误差过大,影响下一次机械手抓取工作时,酌情扣分,最多扣1分			累计扣分后,最高扣1.5分
	指示灯状态	1	指示灯亮灭状态不满足控制要求,每处扣0.5分,最多扣1分			
人机界面组态		8	人机界面不能与PLC通信,扣5分 不能按要求绘制界面或漏绘构件,每处扣0.5分,最多扣2分 欢迎画面不满足控制要求,每处扣1分,最多扣2.5分 主画面指示灯、按钮和切换开关等不满足控制要求,每处扣0.5分,最多扣3.5分 不能按要求指定变频器运行频率,扣0.5~1分 不能按要求显示输送站机械手当前位置,扣1分			累计扣分后,最高扣8分
联机正常运行工作（10分）	网络组建及连接		不能组建、连接指定网络,导致无法联机运行,扣10分。部分工作站不连通,每从站点扣2分			累计扣分后,最高扣10分,与单站运行相同项目不重复扣分
	联机确认	1	在联机方式下,不能避免误操作错误,扣1分			
	系统初始状态检查和复位	1.5	运行过程缺少初始状态检查,扣1.5分。初始状态检查项目不全,每项扣0.5分			
	从站运行	3	不能执行系统通过网络发出的主令信号(复位、启动、停止以及频率指令等),每项扣1分,不能通过网络反馈本站状态信息,每项扣0.5分。本栏目最多扣3分			
	主站运行	3	不能接收从站状态信息,控制本站机械手在各从站抓取和放下工件的操作,每项扣0.5分,最多扣3分			
	系统正常停止	1	触摸停止按钮,系统应在当前工作周期结束后停止,否则0.5分,系统停止后,不能再启动扣0.5分			

(续)

评分内容		配分	评分标准	扣分	得分	备注
系统非正常工作过程（8分）	"物料不足"预警	1.5	系统不能继续运行，扣1.5分			累计扣分后，最高扣3.5分
	供料站"物料没有"	1.5	若物料已经推出，系统应继续运行，直到当前周期结束，系统停止运行。不满足上述要求，扣1.5分			
	装配站"物料没有"	1.5	若小圆柱已经落下，系统应继续运行，直到当前周期结束，系统停止运行。不满足上述要求，扣1.5分			
			停止运行后，若报警复位，按启动按钮不能继续运行，扣0.5分			
	紧急停止	3.5	按下急停按钮，输送站应立即停止工作，急停复位后，应从断点开始继续。否则扣1分。急停前正在移动的机械手应先回原点，否则扣2分。复位后重新定位不准确，每处扣1分。本栏目最多扣3.5分			
职业素养与安全意识		10	现场操作安全保护符合安全操作规程；工具摆放、包装物品、导线线头等的处理符合职业岗位的要求；团队合作有分工又有合作，配合紧密；遵守赛场纪律，尊重赛场工作人员、爱惜赛场的设备和器材，保持工位的整洁			

输送机械手气动控制回路原理图如图3-96所示，输送机械手电气控制参考回路图如图3-97所示。输送单元PLC的I/O信号表见表3-20。

主程序梯形图如图3-98所示，回原点子程序梯形图如图3-99所示，急停处理子程序梯形图如图3-100所示，步进过程流程图如图3-101所示，从加工站向装配站的梯形图如图3-102所示。

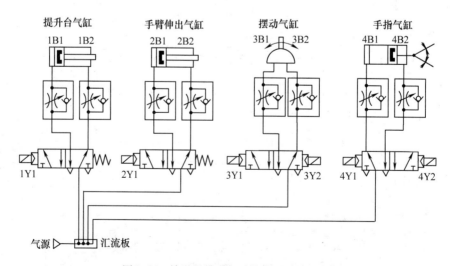

图3-96 输送机械手气动控制回路原理图

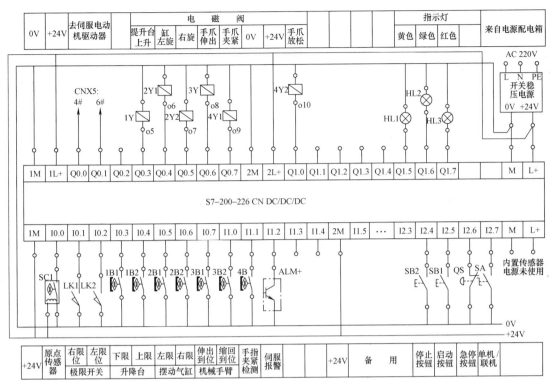

图 3-97 输送机械手电气控制参考回路图

表 3-20 输送单元 PLC 的 I/O 信号表

	输入信号				输出信号		
序号	PLC 输入点	信号名称	信号来源	序号	PLC 输出点	信号名称	信号输出目标
1	I0.0	原点传感器检测	装置侧	1	Q0.0	脉冲	
2	I0.1	右限位保护		2	Q0.1	方向	
3	I0.2	左限位保护		3	Q0.2		
4	I0.3	机械手抬升下限检测		4	Q0.3	提升台上升电磁阀	
5	I0.4	机械手抬升上限检测		5	Q0.4	回转气缸左旋电磁阀	
6	I0.5	机械手旋转左限检测		6	Q0.5	回转气缸右旋电磁阀	装置侧
7	I0.6	机械手旋转右限检测		7		手爪伸出电磁阀	
8	I0.7	机械手伸出检测	装置侧	8		手爪夹紧电磁阀	
9	I1.0	机械手缩回检测		9		手爪放松电磁阀	
10	I1.1	机械手夹紧检测		10			
11	I1.2	伺服报警		11	Q1.2		
12	I1.3			12	Q1.3		
13	I1.4			13	Q1.4		
14	I1.5			14	Q1.5	报警指示	按钮/指示灯模块
15	I1.6			15	Q1.6	运行指示	
16	I1.7			16	Q1.7	停止指示	
17	I2.7						

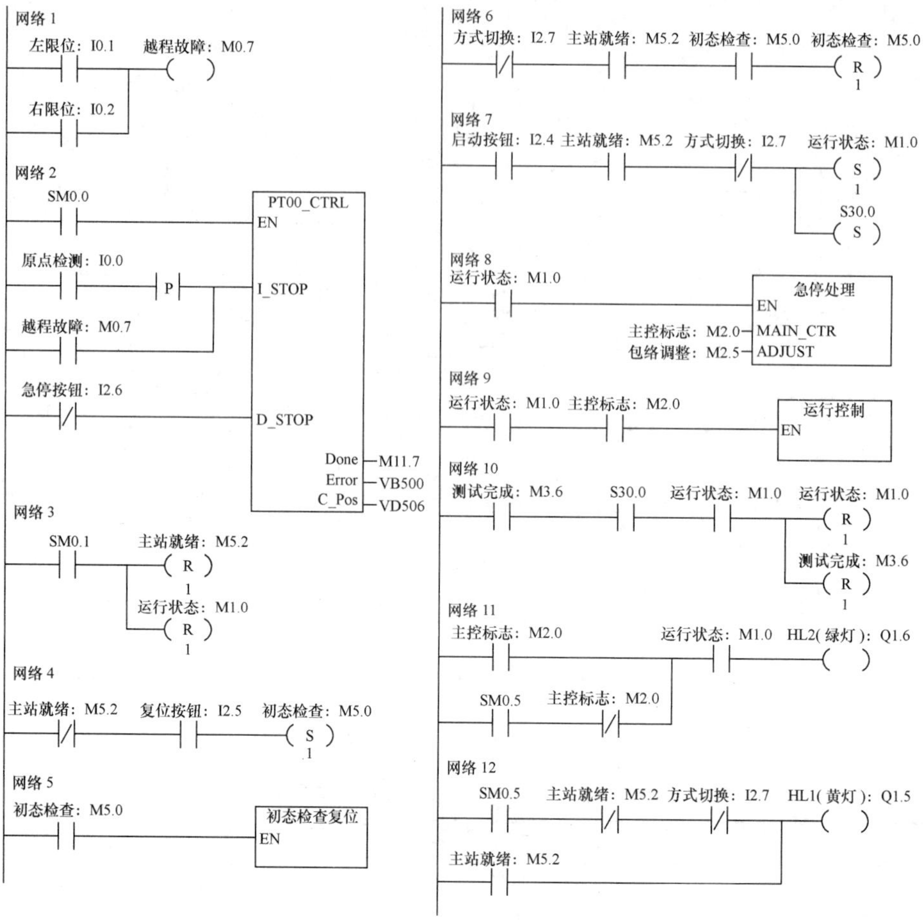

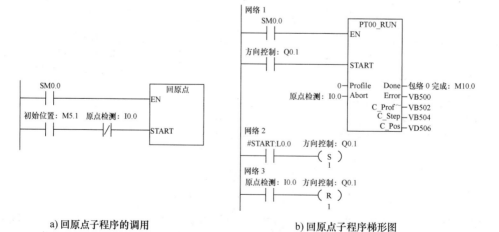

图 3-98　主程序梯形图

a) 回原点子程序的调用　　　b) 回原点子程序梯形图

图 3-99　回原点子程序梯形图

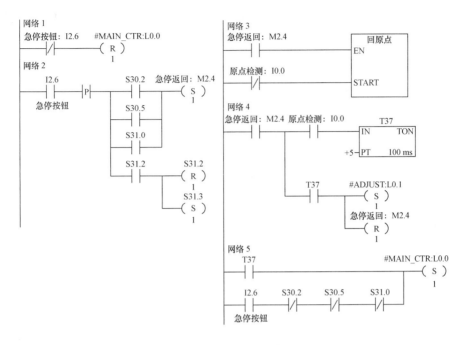

图 3-100　急停处理子程序梯形图

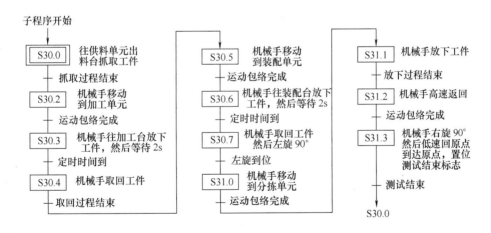

图 3-101　步进过程流程图

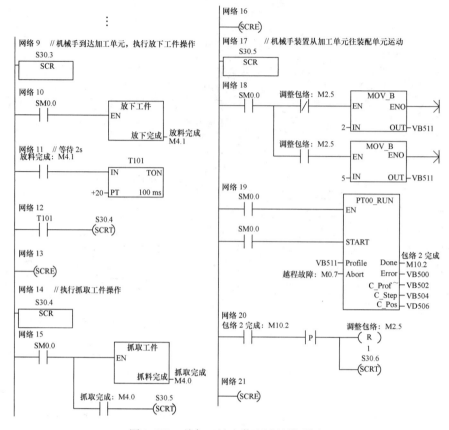

图 3-102 从加工站向装配站的梯形图

【工程训练】

工程训练项目详见附录 A "自动化生产线安装与调试"训练题（A）、附录 B "自动化生产线安装与调试"训练题（B）。

附　录

附录A　"自动化生产线安装与调试"训练题A

一、训练设备及工艺过程描述

YL-335B 自动生产线进线电源采用三相五线制。YL-335B 自动生产线由供料、装配、加工、分拣和输送 5 个工作站组成，各工作站均设置一台 PLC 承担其控制任务，各 PLC 之间通过 RS-485 串行通信的方式实现互连，构成分布式的控制系统。

系统主令工作信号由连接到输送站 PLC 的触摸屏人机界面提供，整个系统的主要工作状态除了在人机界面上显示外，尚须由安装在装配单元的警示灯显示启动、停止、报警等状态。

自动生产线的工作目标是：

1）将供料单元料仓内金属或白色塑料的待装配工件送往装配单元的装配台进行装配。

2）装配工作如下：把装配单元料仓内的白色或黑色的小圆柱零件嵌入到装配台的待装配工件中，完成装配后的成品（嵌入白色零件的金属工件简称白芯金属工件，嵌入黑色零件的金属工件简称黑芯金属工件；嵌入白色零件的白色塑料工件简称白芯塑料工件，嵌入黑色零件的白色塑料工件简称黑芯塑料工件）送往加工站。

3）在加工单元完成对工件的一次压紧加工，然后送往分拣单元。已装配和加工的成品工件如图 A-1 所示。

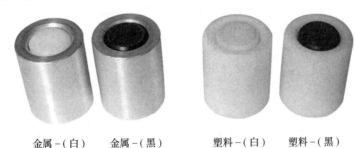

金属-（白）　金属-（黑）　塑料-（白）　塑料-（黑）

图 A-1　已完成加工和装配工作的工件

二、需要完成的工作任务

（一）自动生产线设备部件安装

完成 YL-335B 自动生产线的供料、装配、加工、分拣单元和输送单元的部分装配工作，并把这些工作单元安装在 YL-335B 的工作桌面上。

1. 各工作单元装置侧部分的装配要求

1）供料、加工、输送工作单元装置侧部分的机械部件安装、气路连接工作已完成，学生须进一步按工作任务要求完成单元在工作桌面上的定位，并进行必要的调整工作。

2）完成装配单元和分拣单元装置侧部件的安装和调整以及工作单元在工作台面上的定位。装配单元机械装配效果图如图 A-2 所示，分拣单元装置侧的装配效果图如图 A-3 所示。

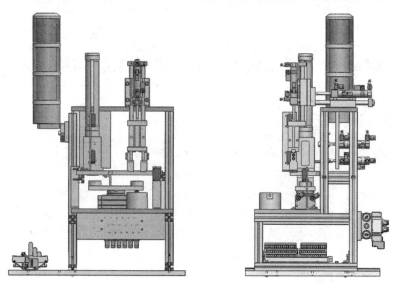

图 A-2　装配单元机械装配效果图

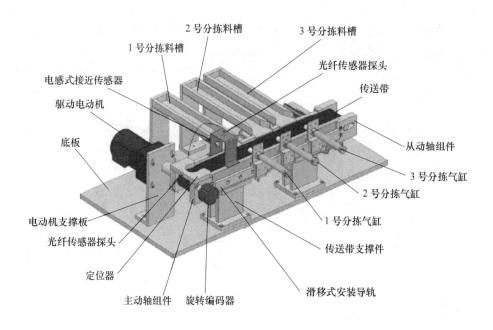

图 A-3　分拣单元装置侧装配效果图

2. 各工作单元装置部分的安装位置

YL-335B 自动生产线各工作单元装置部分的安装位置如图 A-4 所示。图中，长度单位为 mm。

附 录

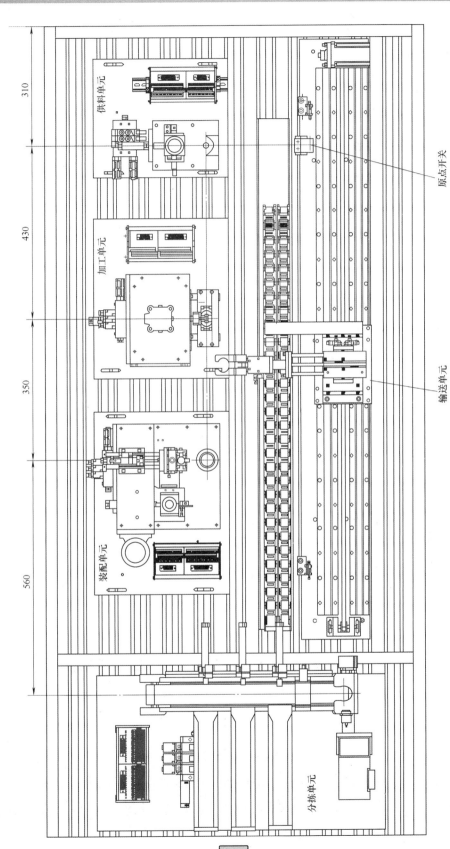

图 A-4　YL-335B 自动生产线设备俯视图

（二）气路连接及调整

1）按照图 A-5、图 A-6 所示装配单元、分拣单元气动系统原理图完成这两个工作单元的气路连接，并调整气路，确保各气缸运行顺畅和平稳。

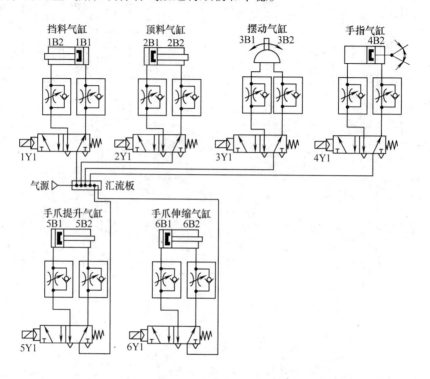

图 A-5　装配单元气动系统原理图

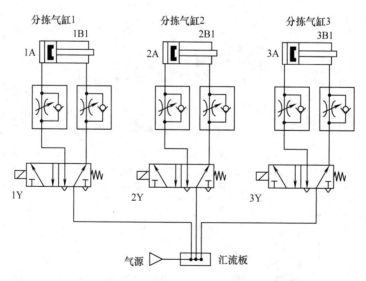

图 A-6　分拣单元气动系统原理图

2）检查供料、加工、输送单元各气缸初始位置是否符合下列要求，如不符合请适当调整。

① 供料单元的推料气缸和顶料气缸均处于缩回状态。
② 加工单元的冲压气缸、料台伸缩气缸均处于缩回状态，物料夹紧气缸处于松开状态。
③ 手臂伸缩、提升、左右转以及手爪夹紧气缸处于缩回、下降、右摆到位、放松状态。
④ 完成气路调整，确保各气缸运行顺畅和平稳。

（三）电路设计和电路连接

1）供料、加工、输送单元的电气接线已经完成，请自行把各磁性开关、光电、光纤传感器等调整到恰当位置。

2）供料、加工单元、输送单元的 PLC 侧连接已经完成。请核查接线端口所对应的 I/O 信号，确定 I/O 分配。表 A-1 给出了输送单元 PLC 的 I/O 信号表，作为程序编制的依据，若和实际接线不一致，请自行调整接线。

表 A-1 输送单元 PLC（S7-200 系列）的 I/O 信号表

输入信号				输出信号				
序号	PLC 输入点	信号名称	信号来源	序号	PLC 输出点	信号名称	信号输出目标	
1	I0.0	原点传感器检测	装置侧	1	Q0.0	脉冲	装置侧	
2	I0.1	右限位保护		2	Q0.1			
3	I0.2	左限位保护		3	Q0.2	方向		
4	I0.3	机械手抬升下限检测		4	Q0.3	提升台上升电磁阀		
5	I0.4	机械手抬升上限检测		5	Q0.4	回转气缸左旋电磁阀		
6	I0.5	机械手旋转左限检测		6	Q0.5	回转气缸右旋电磁阀		
7	I0.6	机械手旋转右限检测		7	Q0.6	手爪伸出电磁阀		
8	I0.7	机械手伸出检测		8	Q0.7	手爪夹紧电磁阀		
9	I1.0	机械手缩回检测		9	Q1.0	手爪放松电磁阀		
10	I1.1	机械手夹紧检测		10	Q1.1			
11	I1.2	伺服报警输出		11	Q1.2			
12	I1.3			12	Q1.3			
13	I1.4			13	Q1.4			
14	I1.5			14	Q1.5	HL1	按钮/指示灯模块	
15	I1.6			15	Q1.6	HL2		
16	I1.7			16	Q1.7	HL3		
17	I2.0							
18	I2.1							
19	I2.2							
20	I2.3							
21	I2.4	按钮 SB2	按钮/指示灯模块					
22	I2.5	按钮 SB1						
23	I2.6	急停按钮 SQ						
24	I2.7	转换开关 SA						

3）设计分拣单元的电气控制电路，并根据所设计的电路图连接电路。电路图应包括 PLC 的 I/O 端子分配和变频器主电路及控制电路。

电路连接完成后应根据运行要求设定变频器有关参数（其中要求斜坡下降时间或减速时间参数不小于 0.5s），变频器有关参数应以表格形式记录在所提供的电路图上。所设计的电路图中的图形符号和文字符号应符合 GB/T 6988.1—2008 或 JB/T 2740—2008、JB/T 2739—2008 的规定。（注：各单元的工作电源进线已从设备配电箱引出）

4）松下 A5 伺服驱动器的基本参数设置已完成。

5）说明：

① 所有连接到接线端口的导线应套上标号管，标号的编制自行确定。

② PLC 侧所有端子接线必须采用压接方式。

（四）各站 PLC 网络连接

网络通信方式采用西门子 S7-200 系列时，指定为 PPI 方式，并指定输送单元作为系统主站。

（五）连接触摸屏并组态用户界面

触摸屏应连接到系统中主站 PLC 的相应接口。在 TPC7062KS 人机界面上组态画面，要求用户窗口包括欢迎界面、测试界面和主界面三个窗口。

1. 欢迎界面

欢迎界面是启动界面，触摸屏上电后运行，欢迎界面屏幕上方的标题文字向右循环移动，循环周期约 14s。该界面可以切换到测试界面和主界面。欢迎界面如图 A-7 所示，其中的位图文件存放在个人计算机的"桌面\技术文档"文件夹中。

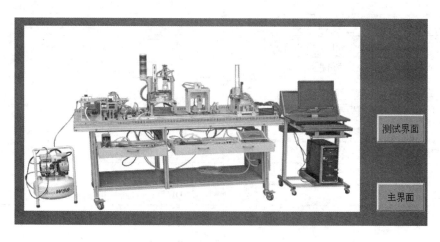

图 A-7 欢迎界面

2. 测试界面

测试界面包括输送站和分拣站测试内容。

1）输送站测试界面应按照下列功能要求自行设计：

① 输送站测试包括抓取机械手装置单项动作测试和直线运动机构驱动测试。测试界面应能实现两项测试内容的切换。

② 使用界面中的开关、按钮等元件，提供抓取机械手装置单项动作测试的主令信号。单项动作测试包括：升降气缸的提升/下降；手臂伸缩气缸的伸出/缩回；气动手指的夹紧/

松开；摆动气缸的左旋/右旋。

③ 使用界面中的指示灯元件，显示测试时各气缸的工作状态以及原点搜索操作完成信号。

④ 使用界面中的选择开关元件，提供直线运动机构驱动测试时运行速度的档次信号。界面上应能显示当前抓取机械手沿直线导轨运动的方向（用符号表示方向，正数符号表示向左移，负数表示向右移动）和速度数值。

2）分拣站测试，要完成脉冲当量（即每个脉冲对应的传送带位移）的测试任务，界面应按照下列功能要求自行设计：

提供当前编码器脉冲计清零、变频器点动、脉冲当量计算按钮。

界面上应能显示当前编码器脉冲数以及计算得到的脉冲当量值（脉冲当量精确到 0.0001）。

提供工件移动距离输入框（单位 mm，精确到 0.1mm），工件在传送带移动的测量距离从该处输入。

3）测试界面应提供切换到欢迎界面和主界面的按钮。

3. 主界面

主界面请自行设计，其界面组态应具有下列功能：

1）提供系统工作方式（单站/全线）选择信号、系统启动和停止信号，返回测试界面以及欢迎界面按钮。

2）在人机界面上可设定套件1和套件2计划生产套件数，并在生产过程中显示尚需完成的套件数以及散件数。

3）在人机界面上设定分拣单元变频器的运行频率（20~35Hz）。

4）在人机界面上动态显示输送单元机械手装置当前位置（以原点位置为参考点，度量单位为 mm）。

5）指示网络中各从站的通信状况（正常、故障）。

6）指示各工作单元的运行、故障状态。其中故障状态包括：

① 供料单元的供料不足状态和缺料状态。

② 装配单元的供料不足状态和缺料状态。

③ 输送单元抓取机械手装置越程故障（左极限开关或右极限开关动作），以及工作单元运行中的紧急停止状态。发生上述故障时，有关的报警指示灯以闪烁方式报警。

7）当系统停止全线运行时，切换到测试界面和欢迎界面操作才有效。

（六）程序编制及调试

系统的工作模式分为单站测试和全线运行模式。系统上电后应首先进入单站测试模式。仅当所有单站在停止状态且选择到全线方式，以及人机界面中选择开关置为全线运行方式时，系统才能投入全线运行。若需从全线运行模式切换到单站测试模式，仅当系统工作停止后人机界面中选择开关切换到单站模式才有效。各工作站要进行单站测试，其按钮/指示灯模块上的方式选择开关应置于单站方式。

1. 单站测试模式

1）供料站单站测试要求：

① 设备上电和气源接通后，若工作单元的两个气缸满足初始位置要求，且料仓内有足够的待加工工件，出料台上没有工件，则"正常工作"指示灯 HL1 常亮，表示设备准备好。

否则，该指示灯以1Hz频率闪烁。

②若设备准备好，按下启动按钮SB1，工作单元将处于启动状态。这时按一下推料按钮SB2，表示有供料请求，设备应执行把工件推到出料台上的操作。每当工件被推到出料台上时，"推料完成"指示灯HL2亮，直到出料台上的工件被人工取出后熄灭。工件被人工取出后，再按SB2，设备将再次执行推料操作。

③若在运行中料仓内工件不足，则工作单元继续工作，但"正常工作"指示灯HL1以1Hz的频率闪烁。若料仓内没有工件，则HL1指示灯和HL2指示灯均以2Hz频率闪烁。设备在本次推料操作完成后自动停止。除非向料仓补充足够的工件，工作站不能再启动。

2）装配站单站测试要求：

①设备上电和气源接通后，若各气缸满足初始位置要求，料仓上已经有足够的小圆柱零件，工件装配台上没有待装配工件，则"正常工作"指示灯HL1常亮，表示设备准备好。否则，该指示灯以1Hz频率闪烁。

②若设备准备好，按下启动按钮，装配单元启动，"设备运行"指示灯HL2常亮。如果回转台上的左料盘内没有小圆柱零件，就执行下料操作；如果左料盘内有零件，而右料盘内没有零件，执行回转台回转操作。

③如果回转台上的右料盘内有小圆柱零件且装配台上有待装配工件，执行装配机械手抓取小圆柱零件，放入待装配工件中的控制。

④完成装配任务后，装配机械手应返回初始位置，等待下一次装配。

⑤若在运行过程中按下停止按钮，则供料机构应立即停止供料，在装配条件满足的情况下，装配单元在完成本次装配后停止工作。

⑥在运行中发生"零件不足"报警时，指示灯HL3以1Hz的频率闪烁，HL1和HL2灯常亮；在运行中发生"零件没有"报警时，指示灯HL3以亮1s，灭0.5s的方式闪烁，HL2熄灭，HL1常亮。工作站在完成本周期任务后自动停止。除非向料仓补充足够的工件，工作站不能再启动。

3）加工站单站测试要求：

①上电和气源接通后，若各气缸满足初始位置要求，则"正常工作"指示灯HL1常亮，表示设备准备好。否则，该指示灯以1Hz频率闪烁。

②若设备准备好，按下启动按钮，设备启动，"设备运行"指示灯HL2常亮。当待加工工件送到加工台上并被检出后，设备执行将工件夹紧，送往加工区域冲压，完成冲压动作后返回待料位置的工件加工工序。如果没有停止信号输入，当再有待加工工件送到加工台上时，加工单元又开始下一周期工作。

③在工作过程中，若按下停止按钮，加工单元在完成本周期的动作后停止工作。HL2指示灯熄灭。

4）分拣站单站测试：

分拣站单站测试包括分拣站脉冲当量测试和工作流程测试两方面。当SA按钮在单机模式，且QS急停按钮按下时，选择脉冲当量测试模式；当SA按钮在单机模式，且QS急停按钮复位时，则选择工作流程测试模式。

①脉冲当量测试模式的要求如下：

a. 变频器正向点动运行、当前编码器脉冲清零、脉冲当量计算按钮等命令来自于人机界面。

b. 把工件放在分拣站入料口处,然后在人机界面上清除当前编码器脉冲值。

c. 人机界面上按下变频器点动运行按钮时,则变频器以 30Hz 正向运行,当工件到达 3 号料槽时,释放点动运行按钮,则变频器停止运行。

d. 测量工件在传送带上的移动距离,把测量数据在人机界面上输入。

e. 在人机界面上按下脉冲当量计算按钮,则计算出脉冲当量值并在人机界面上显示(脉冲当量计算在触摸屏上完成)。

② 分拣站工作流程测试模式的要求如下:

a. 设备上电和气源接通后,若工作单元的三个气缸满足初始位置要求,则"正常工作"指示灯 HL1 常亮,表示设备准备好。否则,该指示灯以 1Hz 频率闪烁。

b. 若设备准备好,按下启动按钮,系统启动,"设备运行"指示灯 HL2 常亮。

当传送带入料口人工放下已装配的工件时,变频器即启动,驱动传动电动机以频率为 30Hz 的速度,把工件带往分拣区。

c. 满足第一种套件关系的工件(每个白芯金属工件和一个黑芯熟料工件搭配组合成一组套件,不考虑两个工件的排列顺序)到达 1 号滑槽中间时,传送带停止,推料气缸 1 动作把工件推出;满足第两种套件关系的工件(每个黑芯金属工件和一个白芯塑料工件搭配组合成一组套件,不考虑两个工件的排列顺序)到达 2 号滑槽中间时,传送带停止,推料气缸 2 动作把工件推出。不满足上述套件关系的工件到达 3 号滑槽中间时,传送带停止,推料气缸 3 动作把工件推出。当 1 或 2 号滑槽中套件已达到 1 套时,即使满足第一或第二种套件关系的工件也从 3 号滑槽推出。

工件被推出滑槽后,该工作单元的一个工作周期结束。仅当工件被推出滑槽后,才能再次向传送带下料,开始下一个工作周期。

如果每种套件均被推出 1 套,则测试完成。在最后一个工作周期结束后,设备自动退出运行状态,指示灯 HL2 熄灭。

5) 输送站的单站测试,包括抓取机械手装置单项动作测试和直线运动机构的运行测试。两项测试内容的选择指令由人机界面发出。

① 抓取机械手装置单项动作测试时,设备响应 HMI 界面上的主令信号,单步执行抓取机械手的手臂上升/下降、伸出/缩回;手爪的夹紧/松开和机械手手臂的 90°回转。

② 进行直线运动机构的运行测试时,通过按钮/指示灯模块的按钮 SB1、SB2 和输送站测试界面上的速度选择开关点动驱动抓取机械手装置沿直线导轨运动。其中,按钮 SB1 实现正向点动运转功能,按钮 SB2 实现反向点动运转功能;HMI 界面上的选择开关 SA1 指令 2 档速度选择,第 1 档速度要求为 50mm/s,第 2 档速度要求为 200mm/s。在按下 SB1 或 SB2 实现点动运转时,应允许切换 SA1,改变当前运转速度。

③ 直线运动机构的运行测试应包括原点校准功能。当原点搜索操作完成时,可同时按下 SB1、SB2 2s 时间,确认抓取机械手装置已在原点位置。

④ 仅当抓取机械手装置上各气缸返回初始位置,抓取机械手位于原点位置时,单站测试才能认为完成。即使测试完成,输送站仍可进行单项动作测试、直线运动机构的运行测试(包括原点搜索操作)。

2. 系统正常的全线运行模式步骤

1）人机界面切换到主画面窗口后，程序应首先检查供料、装配、加工、分拣以及输送站等工作站是否处于初始状态。初始状态是指：

各工作单元气动执行元件均处于初始位置。

各工作单元和主站通信正常。

供料单元料仓内有足够的待加工工件。

装配单元料仓内有足够的小圆柱零件。

原点搜索操作完成，且抓取机械手位于原点位置。

若上述条件中任一条件不满足，则安装在装配站上的绿色警示灯以 2Hz 的频率闪烁。红色和黄色灯均熄灭。这时系统不能启动。

如果上述各工作站均处于初始状态，绿色警示灯常亮。若人机界面中设定的套件 1 和套件 2 计划生产套件至少有其一大于零，则允许启动系统。这时若触摸人机界面上的启动按钮，系统启动，绿色和黄色警示灯均常亮，表示系统在全线方式下运行。

2）计划生产套件数的设定只能在系统未启动或处于停止状态时进行，套件数量一旦指定且系统进入运行状态后，在该批工作完成前，修改套件数量无效。

3）系统正常运行情况下，各从站的工艺工作过程与单站过程相同，但运行的主令信号均来源于系统主站。同时，各从站应将本站运行中有关的状态信息发回主站。具体如下：

① 供料站接收到系统发来的启动信号时，即进入运行状态。在接收到供料请求信号时，即进行把工件推到出料台上的操作。工件推出到出料台后，应向系统发出出料台上有工件信号。若供料站的料仓内没有工件或工件不足，则向系统发出报警或预警信号。当系统发来停止信号时，工作站在完成本工作周期后退出运行状态。

② 装配站接收到系统发来的启动信号时，即进入运行状态。装配站物料台的传感器检测到工件到来后，开始执行装配过程。装入动作完成后，向系统发出装配完成信号。

如果装配站的料仓或料槽内没有小圆柱零件或零件不足，应向系统发出报警或预警信号。当系统发来停止信号时，工作站按正常停止的流程退出运行状态。

③ 加工站接收到系统发来的启动信号时，即进入运行状态。当加工台上有工件且被检出后，执行加工过程。冲压动作完成且加工台返回待料位置后，向系统发出加工完成信号。当系统发来停止信号时，工作站在完成本工作周期后退出运行状态。

④ 分拣站接收到系统发来的启动信号时，即进入运行状态。当输送站机械手装置放下工件、缩回到位后，分拣站的变频器即启动，驱动传动电动机以人机界面所指定的变频器运行频率的速度，把工件带入分拣区进行分拣，工件分拣原则与单站运行相同。当分拣气缸活塞杆推出工件并返回后，向系统发出分拣完成信号。当系统发来停止信号时，工作站在完成本工作周期后退出运行状态。

4）输送站的工艺工作流程：

① 输送站接收到人机界面发来的启动指令后，即进入运行状态，并把启动指令发往各从站。

② 当接收到供料站的"出料台上有工件"信号后，输送站抓取机械手装置应执行抓取供料站工件的操作。动作完成后，伺服电动机驱动机械手装置以不小于 300mm/s 的速度移动到装配站装配台的正前方，把工件放到装配站的装配台上。

③ 接收到装配完成信号后，机械手装置应抓取已装配的工件，然后从装配站向加工站

运送工件，到达加工站的加工台正前方，把工件放到加工台上。机械手装置的运动速度要求与②相同。

④ 接收到加工完成信号后，机械手装置应执行抓取已压紧工件的操作。抓取动作完成后，机械手臂逆时针旋转90°，然后伺服电动机驱动机械手装置移动到分拣站进料口。执行在传送带进料口上方把工件放下的操作。机械手装置的运动速度要求与②相同。

⑤ 机械手装置完成放下工件的操作并缩回到位后，手臂应顺时针旋转90°，然后伺服电动机驱动机械手装置以不小于400mm/s的速度，高速返回原点。

仅当分拣站完成一次分拣操作，并且输送站机械手装置回到原点后，系统的一个工作周期才认为结束。如果从分拣站1号和2号槽推出的套件数未达到设定值，系统在暂停1s后，开始下一工作周期。

如果在1号和2号槽推出的套件数均达到所指定值时，系统工作自动结束，警示灯中黄色灯熄灭，绿色灯仍保持常亮。系统工作结束后若再按下启动按钮，则系统又重新开始工作。套件数没有完成前，输送站接收到人机界面发来的停止指令后，机械手若正在搬运工件过程（从机械手伸出抓取工件搬运到目的地释放工件过程中），则搬运完成后，机械手以不小于400mm/s的速度，高速返回原点；如果机械手处于空闲等待中，则立即以不小于400mm/s的速度，高速返回原点。

3. 异常工作状态测试

（1）工件供给状态的信号警示　如果发生来自供料站或装配站的"工件不足"的预报警信号或"工件没有"的报警信号，则系统动作如下：

① 如果发生"工件不足"的预报警信号，警示灯中红色灯以1Hz的频率闪烁，绿色和黄色灯保持常亮。系统继续工作。

② 如果发生"工件没有"的报警信号，警示灯中红色灯以亮1s、灭0.5s的方式闪烁；黄色灯熄灭，绿色灯保持常亮。

若"工件没有"的报警信号来自供料站，且供料站物料台上已推出工件，系统继续运行，直至完成该工作周期尚未完成的工作。当该工作周期工作结束，系统将停止工作，除非"工件没有"的报警信号消失，系统不能再启动。

若"工件没有"的报警信号来自装配站，且装配站回转台上已落下小圆柱零件，系统继续运行，直至完成该工作周期尚未完成的工作。当该工作周期工作结束，系统将停止工作，除非"工件没有"的报警信号消失，系统不能再启动。

（2）装配站急停与复位　系统运行中若装配站因故障需紧急停车（按下装配站急停按钮），则装配站和输送站立即停车。在急停复位后，应从急停前的断点开始继续运行。但若急停按钮按下时，输送站机械手正携带待装配工件前往装配站，则机械手装置应返回到原点等待。返回速度应不小于300mm/s，但允许在接近原点时（≤60mm）降低速度（60mm/s）以实现准确定位。装配站急停复位后，输送站机械手应继续携带待装配工件向装配站运动。

三、注意事项

1）学生应完成分拣单元变频器主电路和控制电路设计图。

2）学生提交最终的PLC程序，存放在"D:\自动生产线\XX"文件夹下（XX：学号)。学生的试卷用学号标识。参考技术资料存放在桌面的"YL-335B"文件夹里。

3) 训练中如出现下列情况时另行扣分：

① 调试过程中由于撞击造成抓取机械手不能正常工作扣15分。

② 学生认定器件有故障可提出更换，经教师测定器件完好时每次扣3分，器件确实损坏每更换一次补时3～10min。

<h3 style="text-align:center">安装与调试项目训练题评分表</h3>

学号：   总分：_____

一、机械安装、气路连接及工艺

评分内容		配分	评分标准	扣分	得分	备注
机械安装及其装配工艺	分拣单元装配	7	装配未完成或装配错误导致传动机构不能运行，扣5分			累计扣分后，最高扣15分(传感器安装调整不正确导致工作不正常，各工作单元定位误差超出，合并到编程扣分)
			驱动电动机或联轴器安装及调整不正确，每处扣1分			
			传送带打滑或运行时抖动、偏移过大，每处扣2分			
			推出工件不顺畅或有卡住现象，每处扣1分			
			有紧固件松动现象，每处扣0.5分			
	装配单元装配	7	小工件由于机械安装原因造成供料不顺畅，不能按需供料，扣2分，不能供料扣4分			
			装配机械手以及工件定位机构装配调整不到位，使工件装配工序不顺畅扣2分，完不成装配工序，扣4分			
			支架连接不紧凑平顺，扣2分			
			摆动气缸摆角调整不恰当，扣1分			
			有紧固件松动现象，每处扣0.5分			
	工作单元定位	1	工作单元安装定位与要求不符，每处扣0.5分，最多扣1分。有紧固件松动现象，扣0.5分			
气路连接及工艺		5	气路连接未完成或有错，每处扣2分			
			气路连接有漏气现象，每处扣1分			
			气缸节流阀调整不当，每处扣0.5分			
			气管没有绑扎或气路连接凌乱，外观不整洁美观扣2分			

二、电路连接工艺、安全及职业道德部分

评分内容	配分	评分标准	分项配分	分项扣分	总得分	备注
电路连接及工艺	10	变频器接线错误导致不能运行扣2分，没有接地，扣1分				
		端子连接，插针压接不牢或超过2根导线，每处扣0.5分，端子连接处没有线号，每处扣0.5分。两项最多扣5分				
		电路接线没有绑扎或电路接线凌乱，扣2分				
职业素养与安全意识	10	现场操作安全保护符合安全操作规程；工具摆放、包装物品、导线线头等的处理符合职业岗位的要求；团队合作有分工又有合作，配合紧密；遵守赛场纪律，尊重赛场工作人员，爱惜赛场的设备和器材，保持工位的整洁				

三、电路设计部分

评分内容	配分	评分标准	扣分	得分	备注
电路设计	10	制图草率,徒手画图扣 4 分			累计扣分后,最高扣 10 分
		电路图符号不规范,每处扣 0.5 分,最多扣 2 分			
		不能实现要求的功能,可能造成设备或元件损坏,漏画元件,每 1 处扣 1 分,最多扣 4 分			
		变频器漏画接地保护等,扣 1 分			
		图样上缺少连接编号或连接编号和实际连接套码管号不一致,每处扣 0.5 分。最多扣 2 分			
		提供的设计图样缺少变频器参数设置表,扣 1 分,表格数据不符合要求,每处扣 0.5 分			

四、单站测试

评分内容	配分	评分标准	分项配分	分项得分	总得分	备注
供料单元单站	3.5	推出工件动作满足控制要求以及操作	1			
		推出过程顺畅情况	1			
		"工件不足"和"工件没有"故障处理	1			
		指示灯亮灭状态(HL1,HL2)	0.5			
加工单元单站	2.5	工件检测	0.5			
		工件加工以及操作	1.5			
		指示灯亮灭状态(HL1,HL2)	0.5			
装配单元单站	5.5	零件供出操作	1			
		零件转移操作	0.5			
		装配操作动作	2			
		"零件不足"和"零件没有"故障处理	1.5			
		指示灯亮灭状态(HL1,HL2)	0.5			
分拣单元单站	7	变频器启动及运行	1.5			
		按照控制要求正确分拣工件	3.5			
		工件推出精度	1.5			
		指示灯亮灭状态	0.5			
输送单元单站	8	抓取机械手装置单项测试	2			
		正、反向点动运行以及顺序是否顺畅(不顺畅扣 0.5 分)	2.5			
		运行中变速	2			
		原点搜索及确认	1.5			

五、人机界面和联机运行

评分内容		配分	评分标准	分项配分	分项得分	总得分	备注
人机界面组态		12.5	欢迎界面绘制	0.5			
			标题文字向要求方向移动	0.5			
			各界面间切换	0.5			
			测试画面绘制以及初始状态灯指示	1.5			
			直线运动机构的速度和方向显示	1			
			编码器当前值的显示以及测试值输入	1			
			脉冲当量正确计算显示	2			
			运行界面绘制	1.5			
			运行界面指示灯、按钮等控制功能	1.5			
			套件设定、尚需完成的套件数以及散件数显示	1.5			
			变频器运行频率设定和机械手装置当前位置实时显示	1			
联机正常运行工作	系统初始状态检查	8.5	系统在初始状态以及有其一计划套件数大于零才能启动,初始状态时警示灯能正常指示。启动后各站指示灯显示正常	2.5			
	输送单元		机械手在各从站抓取工件的操作	4			
			机械手在各从站放下工件的操作				
			机械手装置运动速度和定位				
系统正常停止			计划任务完成后,系统能按要求时限自动停止	2			
系统正常停止	"工件不足"预警	2.5	系统继续运行,警示灯能正常指示	0.5			
	供料站"工件没有"		若物料已经推出或落下,系统应继续运行,直到当前周期结束,系统停止运行,若报警没消失,系统不能启动	0.5			
	装配站"工件没有"		若小圆柱已经落下,系统应继续运行,直到当前周期结束,系统停止运行,若报警没消失,系统不能启动	0.5			
	装配单元急停		急停动作装配和输送站单元响应,急停复位后或者装配单元故障无法恢复的处理	1			

说明:

1. 训练时间为6h。

2. 编制的应用程序以学号为文件名存放在D盘根目录下。

3. 下列情况另行扣分:

1) 调试过程中发生2次以上输送单元机械手装置运动限位保护失效引起撞击,扣5分。分数评定时发生上述故障,每次扣5分。

2) 输送站抓取机械手的抓取气爪电磁阀的两个线圈同时得电,扣10分,但因该项错误,导致程序无法继续运行,不重复扣分。

3) 光电(光纤)传感器信号线接错,引起传感器损坏,扣20分。

附录 B "自动化生产线安装与调试" 训练题 B

一、训练设备及工艺过程描述

YL-335B 自动化生产线由供料及装配、加工、分拣和输送 4 个工作站组成，各工作站均设置一台 PLC 承担其控制任务，各 PLC 之间通过 RS-485 串行通信的方式实现互连，构成分布式的控制系统。

系统主令工作信号由连接到供料-装配站 PLC 的触摸屏人机界面提供，整个系统的主要工作状态除了在人机界面上显示外，尚须由安装在加工单元的警示灯显示上电、启动、停止、报警等状态。

自动生产线的工作目标是：对一批金属或白色塑料或黑色塑料工件进行嵌入零件装配和压紧加工，然后按规格要求分拣成品。

成品规格要求为：金属工件应嵌入白色或黑色芯体，白色工件嵌入金属或黑色芯体，黑色工件嵌入白色或金属芯体，如图 B-1 所示。经分拣检出不合规格的工件，人工拆除芯体后，送回装配和加工单元再装配和压紧。

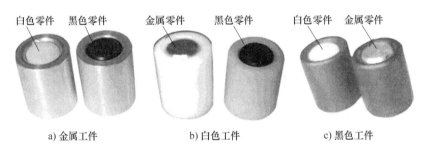

a) 金属工件　　　　b) 白色工件　　　　c) 黑色工件

图 B-1　符合规格的成品工件

二、需要完成的工作任务

（一）自动生产线设备部件安装

完成 YL-335B 自动生产线的供料、装配、加工和分拣单元的部分装配工作，并把这些工作单元安装在 YL-335B 的工作桌面上。

1. 各工作单元装置部分的安装位置

YL-335B 自动生产线各工作单元装置部分的安装位置如图 B-2 所示。图中，长度单位为 mm。

说明：

1) 输送单元已安装在工作台台面上，其余工作单元安装时，应确保供料单元出料台中心线与原点接近开关中心线重合，以此作为安装基准线。

2) 各工作单元竖直方向的定位，以输送单元抓取机械手装置中心线为基准，确保机械手伸出时抓取手爪中心与各物料台中心偏差不超过1mm。

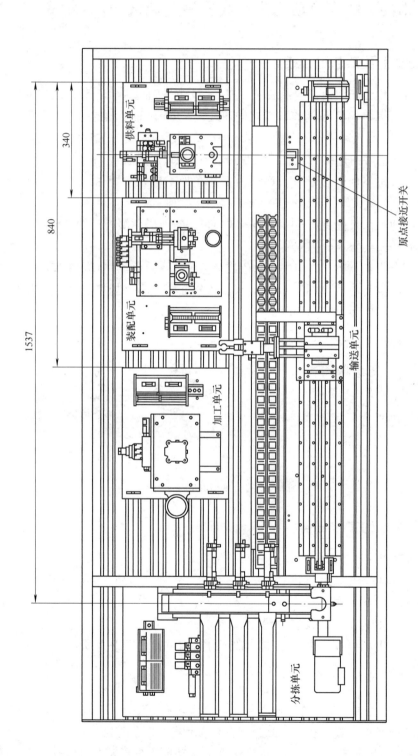

图 B-2 总装配平面图

2. 各工作单元装置侧部分的装配要求

各工作单元装置侧部分的装配要求如下：

1）输送单元部件装配已经完成，并已安装在工作台桌面上。

2）完成供料、装配、加工和分拣单元装置侧的安装和调整以及工作单元在工作台面上的定位。上述各工作单元装置装配完成后的效果图分别如图 B-3 ~ 图 B-6 所示。

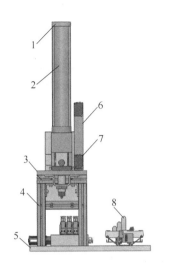
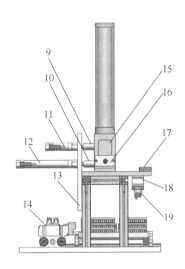

图 B-3 供料站组装图

1—装饰环　2—料管　3—底座安装板　4—铝合金支架　5—模块底板　6—传感器安装支架
7—光电传感器　8—接线排　9—顶料头　10—推料头　11—顶料气缸　12—推料气缸　13—气缸安装板
14—电磁阀组　15—底座　16—电感式传感器安装件　17—挡料块　18—传感器安装支架　19—光电传感器

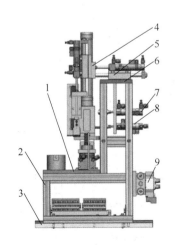
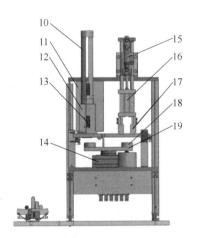
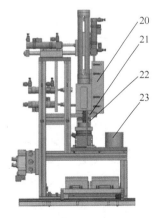

图 B-4 装配站组装图

1—摆动气缸安装板　2—铝合金支架　3—模块底板　4—机械手连接板　5—导杆气缸1　6—支架顶板
7—夹紧气缸　8—放料气缸　9—电磁阀组　10—料管　11—气缸安装板　12—小工件底座　13—光电传感器
14—摆动气缸　15—导杆气缸2　16—气动手爪　17—机械手指　18—小工件料斗　19—摆动气缸连接板
20—传感器安装支架　21—底座安装板　22—遮光件　23—大工件料斗

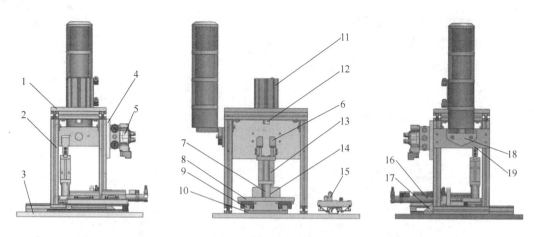

图 B-5 加工站组装图

1—冲压气缸安装板 2—铝型材支架 3—模块底板 4—阀组安装板 5—电磁阀组 6—机械手指
7—手爪连接件 8—直线导轨连接件 9—直线导轨 10—直线导轨安装板 11—冲压气缸 12—冲压头
13—气动手爪 14—气缸安装板 15—接线排 16—物料台移动气缸
17—肋板 18—报警灯 19—报警灯安装板

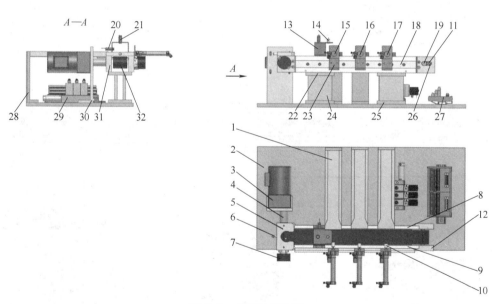

图 B-6 分拣站组装图

1—料槽 2—模块底板 3—交流电动机 4—联轴器 5—导正块 6—进料光纤传感器
7—旋转编码器 8—支撑铝板1 9—支撑铝板2 10—推料头 11—调节螺栓 12—从动轴侧端板
13—传感器安装支架 14—光纤传感器 15—推杆1 16—推杆2 17—推杆3 18—导轨 19—从动轴
20—电感式传感器1 21—电感式传感器2 22—支撑顶板 23—气缸安装件 24—支撑中间板
25—支撑底板 26—弹簧 27—接线排 28—料槽尾安装件 29—电磁阀组
30—交流电动机安装板 31—主动轴侧端板 32—平传送带

(二) 气路连接及调整

1) 按照图 B-7～图 B-10 所示的供料、装配、加工和分拣单元气动控制回路工作原理图完成各工作单元的气路连接，并调整气路，确保各气缸运行顺畅和平稳。

附 录

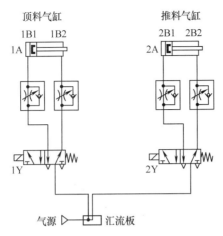

图 B-7 供料单元气动控制回路工作原理图

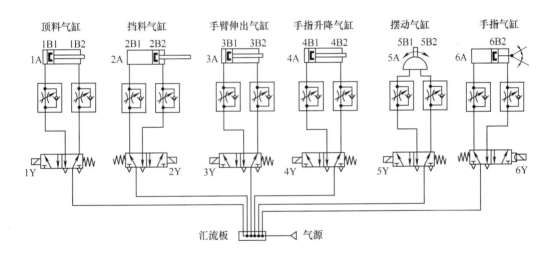

图 B-8 装配单元气动控制回路工作原理图

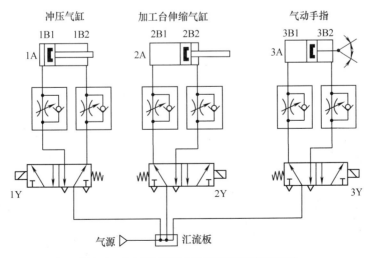

图 B-9 加工单元气动控制回路工作原理图

2)接通气源后检查各单元气缸初始位置是否符合各单元气动控制回路工作原理图的连接要求,如不符合必须适当调整。

3)完成各单元的气路调整,确保各气缸运行顺畅和平稳。输送单元的气路连接已经完成,但仍须进行气路调整,以确保各气缸运行顺畅和平稳。

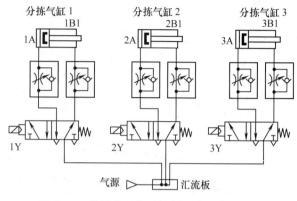

图 B-10 分拣单元气动控制回路工作原理图

(三)电路设计和电路连接

1)输送单元电气接线已完成,并且伺服驱动器的参数已设置,其中:

① 指令脉冲输入方式设置为脉冲序列 + 符号(Pr0.07 = 3)。

② 电动机每旋转一转的脉冲数设置为 6000(Pr0.08 = 6000)。

③ 驱动禁止输入设定为 Pr5.04 = 2(POT/NOT 任何单方的输入,将发生 Err38.0 "驱动禁止输入保护")。

伺服驱动器 X4 连接器端子接线如图 B-11 所示。

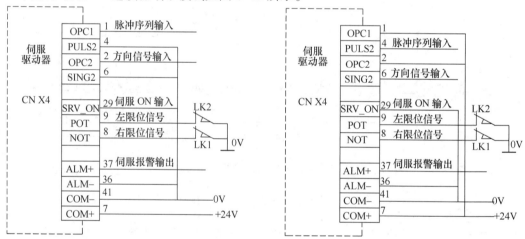

图 B-11 伺服驱动器 X4 连接器端子接线

输送单元装置侧的接线端口信号端子的分配见表 B-1。

表 B-1 输送单元装置侧的接线端口信号端子的分配

输入端口中间层		输出端口中间层	
端子号	信号线	端子号	信号线
2	原点传感器检测	2	脉冲
3	右限位保护	3	方向
4	左限位保护	4	
5	机械手抬升下限检测	5	提升台上升电磁阀
6	机械手抬升上限检测	6	回转气缸左旋电磁阀
7	机械手旋转左限检测	7	回转气缸右旋电磁阀
8	机械手旋转右限检测	8	手爪伸出电磁阀

附 录

(续)

输入端口中间层		输出端口中间层	
端子号	信号线	端子号	信号线
9	机械手伸出检测	9	手爪夹紧电磁阀
10	机械手缩回检测	10	手爪放松电磁阀
11	机械手夹紧检测	11	
12	伺服报警输出	12	
13		13	
14		14	
15			
16			
17			

请根据实际接线确定 PLC 的 I/O 分配,作为程序编制的依据。图 B-12 给出了输送单元抽屉内器件布置效果图。

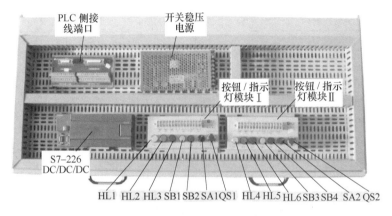

图 B-12 输送单元抽屉内器件布置图

2)供料和装配单元合用一组 PLC 主机 + 数字量扩展模块的控制器。其中,采用西门子 S7-200 系列时,PLC CPU 模块为 S7-226,数字量扩展模块为 EM 223(8 点输入,DC 24V,8 点继电器输出)。供料-装配单元所使用的电路器件已经安装在抽屉上,器件布置示意图如图 B-13 所示。

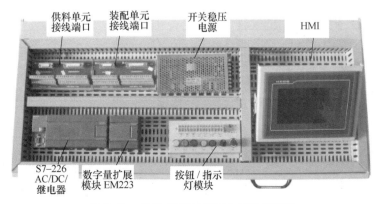

图 B-13 供料-装配站抽屉内器件布置图

请根据所提供电路器件和系统运行要求设计供料-装配站的电气控制电路,并据此连接电路。

3)请设计分拣单元的电气控制电路,并根据所设计的电路图安装和连接电路。电路图应包括 PLC 的 I/O 端子分配和变频器主电路及控制电路。电路连接完成后应根据运行要求设定变频器有关参数(其中要求斜坡下降时间或减速时间参数不小于 0.8s),变频器参数应记录在所提供的电路图上。

4)根据表 B-2 和表 B-3 列出的加工单元 I/O 分配要求,完成加工单元的电路接线。

表 B-2 加工单元 PLC(S7-224-AC/DC/RLY)的 I/O 分配表

输入点	信 号	输出点	信 号
I0.0	加工台伸出到位	Q0.0	夹紧电磁阀
I0.1	加工台缩回到位	Q0.1	料台伸缩电磁阀
I0.2	加工压头上限	Q0.2	加工压头电磁阀
I0.3	加工压头下限	Q0.3	
I0.4	加工台物料检测	Q0.4	指示灯 HL1(黄)
I0.5	工件夹紧检测	Q0.5	指示灯 HL2(绿)
I0.6		Q0.6	指示灯 HL3(红)
I0.7		Q0.7	警示灯(黄)
I1.0	按钮 SB1	Q1.0	警示灯(绿)
I1.1	按钮 SB2	Q1.1	警示灯(红)
I1.2	转换开关 SA		
I1.3	急停按钮 QS		
I1.4			
I1.5			

表 B-3 加工单元 PLC(FX2N-32MR)的 I/O 分配表

输入点	信 号	输出点	信 号
X0	加工台伸出到位	Y0	夹紧电磁阀
X1	加工台缩回到位	Y1	料台伸缩电磁阀
X2	加工压头上限	Y2	加工压头电磁阀
X3	加工压头下限	Y3	
X4	加工台物料检测	Y4	
X5	工件夹紧检测	Y5	
X6		Y6	
X7		Y7	
X10	按钮 SB1	Y10	指标灯 HL1(黄)
X11	按钮 SB2	Y11	指标灯 HL2(绿)
X12	转换开关 SA	Y12	指示灯 HL3(红)
X13	急停按钮 QS	Y13	警示灯(黄)
X14		Y14	警示灯(绿)
X15		Y15	警示灯(红)
X16		Y16	
X17		Y17	

（四）各站 PLC 网络连接

采用西门子 S7-200 系列时，网络通信方式指定为 PPI 方式，并指定供料-装配站作为系统主站。

系统联机运行时，主令工作信号主要由触摸屏人机界面提供。安装在加工单元上的警示灯应能显示整个系统的主要工作状态，例如上电、启动、停止、报警等。

（五）连接触摸屏并组态用户界面

触摸屏应连接到系统中主站 PLC 的相应接口。

在 TPC7062KS 人机界面上组态画面，要求用户窗口包括欢迎界面、供料-装配站测试界面和联机运行界面三个窗口。

1. 欢迎界面

欢迎界面是启动界面，如图 B-14 所示，其中的位图文件存放在个人计算机的"桌面\技术文档\"文件夹中。

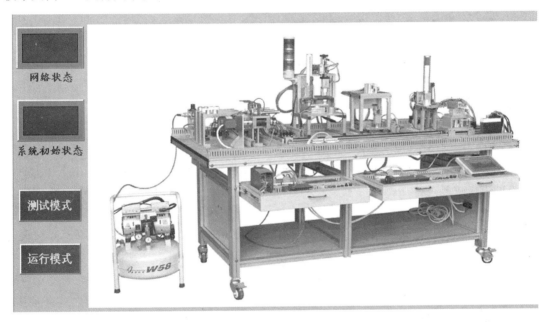

图 B-14 欢迎界面

欢迎界面上设置有显示系统网络状态、系统初始状态的两个指示灯，和切换到主站测试界面或联机运行界面的两个按钮。

当系统网络状态正常时，网络状态指示灯被点亮；当系统各工作站已准备好且处于初始位置时，系统初始状态指示灯被点亮。

在任何状态下触摸欢迎界面的测试模式按钮，将切换到供料-装配站测试界面。仅当系统网络状态正常且系统已在初始状态时，触摸欢迎界面的运行模式按钮才能切换到联机运行界面；若任一条件不满足而触摸运行模式按钮，则系统不予响应，并且弹出提示框，显示"系统不在初始状态或网络故障，不能切换到联机运行方式！"。触摸提示框上的确定按钮后，提示框消失。

2. 供料-装配站测试界面

应按照下列功能要求自行设计：

① 供料-装配站测试包括单项动作测试和单站运行测试。测试界面应能实现两项测试方式的切换。

② 供料-装配站单项动作测试使用本界面中的开关元件，提供供料单元和装配单元各气缸单项动作测试的主令信号。

③ 使用界面中的指示灯元件，显示测试时各气缸的工作状态以及两工作单元供料不足和缺料的故障状态。

④ 测试界面应提供返回到欢迎界面的按钮，在单站测试完成条件下，可切换到欢迎界面。

3. 联机运行界面

应按照下列功能要求自行设计：

1）提供系统联机运行时的启动和停止信号。

2）在人机界面上显示分拣单元变频器的实际输出频率（精确到 0.1Hz）。

3）在人机界面上显示输送单元机械手装置当前给定速度（单位为 mm/s）和运转方向。

4）指示网络的运行状态（正常、故障）。

5）指示各工作单元的运行、故障状态。其中故障状态包括：

① 供料单元的供料不足状态和缺料状态。

② 装配单元的供料不足状态和缺料状态。

③ 输送单元抓取机械手装置越程故障（左或右极限开关动作）。

6）当供料单元或装配单元发生缺料故障且超过 5s 未能处理，弹出提示框，发出处于缺料状态的工作单元等待加料的提示。只有当相应的加料工作完成后，触摸提示框的确认按钮，才能使提示框消失。

7）联机运行界面应提供返回到欢迎界面的按钮，在停止运行的条件下，可返回到欢迎界面。

（六）程序编制及调试

系统的工作模式分为单站测试模式和联机运行模式。

仅当触摸屏人机界面切换到联机界面时，系统才能运行于联机运行模式下。如果人机界面尚未切换到联机界面，则各工作站可进行单站测试。

1. 单站测试模式

单站测试模式下，除供料-装配站外，各单元工作的主令信号和工作状态显示信号来自其 PLC 旁边的按钮/指示灯模块。并且，各站的按钮/指示灯模块上的工作方式选择开关 SA 应置于"测试方式"位置（SA 断开状态）。具体控制要求为：

（1）供料-装配站测试工作要求

1）单项动作测试。

供料-装配站单项动作测试的主令信号和工作状态显示信号来自人机界面。测试内容包括：供料单元顶料、推料气缸的伸出/缩回；装配单元顶料气缸的伸出/缩回，挡料气缸的缩回/伸出，摆动气缸的左旋/右旋；装配机械手手臂伸缩气缸的伸出/缩回；手爪升降气缸的下降/上升；气动手指的夹紧/松开。

2) 单站运行工作要求。

① 设备上电和气源接通后，若工作站两个工作单元的各个气缸满足初始位置要求，且供料料仓内有足够的待装配工件，装配料仓内有足够的零件，则"正常工作"指示灯 HL1 常亮，表示设备准备好。否则，该指示灯以 1Hz 频率闪烁。

② 供料单元工作：

若设备准备好，按下 SB1（供料单元启动/停止按钮），供料单元启动，"供料单元运行"指示灯 HL2 常亮。启动后，若出料台上没有工件，则应把工件推到出料台上。出料台上的工件被人工取出后，若没有停止信号，则进行下一次推出工件操作。

再按一次 SB1，在本次供料操作完成后，供料单元停止工作。

若在运行中供料料仓内工件不足，则供料单元继续工作，但指示灯 HL2 以 1Hz 的频率闪烁。若料仓内没有工件，则 HL2 指示灯以 2Hz 频率闪烁。供料单元在完成本周期任务后停止。除非向料仓补充足够的工件，工作单元不能再启动。

③ 装配单元工作：

若设备准备好，按下 SB2（装配单元启动/停止按钮），装配单元启动，"装配单元运行"指示灯 HL3 常亮。

如果回转台上的左料盘内没有小圆柱零件，就执行下料操作；如果左料盘内有零件，而右料盘内没有零件，执行回转台回转操作。

如果回转台上的右料盘内有小圆柱零件且装配台上有待装配工件（注：待装配工件人工放到装配台上），执行装配机械手抓取小圆柱零件，放入待装配工件中的控制。

完成装配任务后，装配机械手应返回初始位置，等待下一次装配。

若在运行过程中再按一次 SB2，则装配单元供料机构应立即停止供料，在装配条件满足的情况下，装配单元在完成本次装配后停止工作。

在运行中发生"零件不足"报警时，指示灯 HL3 以 1Hz 的频率闪烁；在运行中发生"零件没有"报警时，指示灯 HL3 以亮 1s、灭 0.5s 的方式闪烁。装配单元在完成本周期任务后停止。除非向料仓补充足够的工件，工作单元不能再启动。

3) 如果需要从单站测试方式切换到联机方式，应在所有执行元件均返回初始位置的条件下，将转换开关 SA 切换到联机方式（SA 接通位置）后，等待联机运行。

（2）加工站单站测试要求

① 加工站 PLC 在上电后以及单站测试期间，安装在其上的绿色警示灯以 1Hz 的频率闪烁，直到系统切换为联机运行方式，才接受来自系统的信号控制。

② 上电和气源接通后，若各气缸满足初始位置要求，则"正常工作"指示灯 HL1 常亮，表示设备准备好。否则，该指示灯以 1Hz 频率闪烁。

③ 若设备准备好，按下启动按钮，设备启动，"设备运行"指示灯 HL2 常亮。当待加工工件人工送到加工台上并被检出后，设备执行将工件夹紧，送往加工区域冲压，完成冲压动作后返回待料位置的工件加工工序。如果没有停止信号输入，当再有待加工工件送到加工台上时，加工单元又开始下一周期工作。

④ 若在运行中按下停止按钮，则在完成本工作周期任务后，各工作单元停止工作，指示灯 HL2 熄灭。

⑤ 如果需要从单站测试方式切换到联机方式，应在所有执行元件均返回初始位置的条

件下，将转换开关 SA 切换到联机方式（SA 接通位置），并向系统发出本站准备就绪信号后，等待联机运行。

（3）分拣站单站测试要求

① 单站测试内容包括传送带驱动测试和分拣功能测试两种方式。按钮/指示灯模块上的急停按钮 QS 改作方式切换开关，即开关被按下时，进行传送带驱动测试；开关复位时，进行分拣功能测试。

② 传送带驱动测试实现电动机运行方向和速度数值的测试，用以检查传送带机构的运行性能。在该方式下，按下按钮 SB1，开始测试，要求分别以 2Hz、20Hz、36Hz、50Hz 的频率各正向运行 4s，然后用同样的频率各反向运行 4s，然后停止。

若方式切换开关 QS 尚未复位，再按下 SB1，重复此项测试。

③ 分拣功能测试：若方式切换开关 QS 在复位状态，按下启动按钮 SB1，系统启动，指示灯 HL2 常亮。当传送带入料口人工放下已装配的工件时，变频器即启动，驱动传动电动机以频率为 24Hz 的速度，把工件带往分拣区。

分拣原则是：不满足规格要求的工件应一直送到传送带靠末端的位置，传送带停止，人工把工件取出。对于满足规格要求成品工件，金属工件到达 1 号滑槽中间，传送带停止，工件被推到 1 号槽中；白色工件到达 2 号滑槽中间，传送带停止，工件被推到 2 号槽中；黑色工件到达 3 号滑槽中间，传送带停止，工件被推到 3 号槽中。工件被推出滑槽后，该工作单元的一个工作周期结束。仅当工件被推出滑槽或被取出后，才能再次向传送带下料。

如果在运行期间按下停止按钮 SB2，该工作单元在本工作周期结束后停止运行。指示灯 HL2 熄灭。

④ 如果需要从单站测试方式切换到联机方式，应在所有执行元件均返回初始位置的条件下，将转换开关 SA 切换到联机方式（SA 接通位置），并向系统发出本站准备就绪信号后，等待联机运行。

（4）输送站单站测试工作要求　输送站的单站测试包括抓取机械手装置单项动作测试和直线运动机构的运行测试。两项测试内容的选择指令由安装在输送单元抽屉内的按钮/指示灯模块Ⅱ的转换开关 SA2 提供，当 SA2 置于断开位置时，进行抓取机械手装置单项动作测试；SA2 置于接通位置时，进行直线运动机构的运行测试。

① 进行抓取机械手装置单项动作测试时，由按钮 SB1~SB4 分别控制抓取机械手的手臂上升/下降、伸出/缩回；手爪的夹紧/松开和机械手手臂的 90°摆动。

② 进行直线运动机构的运行测试时，通过按动按钮 SB1、SB2 点动驱动抓取机械手装置沿直线导轨运动。其中，按钮 SB1 实现正向点动运转功能，按钮 SB2 实现反向点动运转功能；

运行速度分两档，速度选择开关为按钮/指示灯模块Ⅱ上的急停按钮 QS2 改用，即开关复位状态时，选择第 1 档速度，要求为 50mm/s；开关被按下时，选择第 2 档速度，要求为 200mm/s。在按下 SB1 或 SB2 实现点动运转时，允许切换开关 QS，改变当前运转速度。但当运转速度为 200mm/s 时，机械手手臂必须在缩回状态。

③ 直线运动机构的运行测试应包括原点校准功能。当原点搜索操作完成，可同时按下 SB1、SB2 2s 时间，确认抓取机械手装置已在原点位置。

④ 仅当抓取机械手装置上各气缸返回初始位置，抓取机械手位于原点位置时，单站测

试才能认为完成。

⑤ 如果需要从单站测试方式切换到联机方式，应在所有执行元件均返回初始位置的条件下，将转换开关 SA 切换到联机方式（SA 接通位置），并向系统发出本站准备就绪信号后，等待联机运行。

2. 系统正常的联机运行模式

1）当系统网络状态正常且系统已在初始状态，触摸欢迎界面的运行模式按钮，就能切换到联机运行界面。初始状态是指：

① 各工作单元气动执行元件均处于初始位置。
② 供料单元料仓内有足够的待加工工件。
③ 装配单元料仓内有足够的小圆柱零件。
④ 输送单元抓取机械手装置位于原点位置。

如果人机界面已经切换到联机运行界面，则安装在加工单元的绿色警示灯常亮，允许启动系统。这时若触摸人机界面上的启动按钮，系统启动，绿色和黄色警示灯均常亮，并且加工站、分拣站和输送站的指示灯 HL3 常亮，表示系统在联机方式下运行。

2）系统正常运行情况下，运行的主令信号均来源于系统主站。同时，各从站应将本站运行中有关的状态信息发回主站。各工作站工作过程如下：

① 供料-装配站进入运行状态后，使供料请求信号 ON，在供料单元上即进行把工件推到出料台上的操作。工件推出到出料台后，系统发出出料台上有工件信号。若供料单元的料仓内没有工件或工件不足，则系统发出报警或预警信号。

装配单元装配台的传感器检测到工件到来后，开始执行装配过程。装入动作完成后，向系统发出装配完成信号。如果装配站的料仓或料槽内没有小圆柱零件或零件不足，则系统发出报警或预警信号。

② 加工站接收到系统发来的启动信号时，即进入运行状态，当加工台上有工件且被检出后，执行加工过程。冲压动作完成且加工台返回待料位置后，向系统发出加工完成信号。

③ 输送站接收到系统发来的启动指令后，即进入运行状态，当接收到供料-装配站"出料台上有工件"信号后，其抓取机械手装置执行抓取供料单元工件的操作。动作完成后移动到装配站装配台的正前方，把工件传送到装配站的装配台上。

接收到"装配完成"信号后，机械手装置抓取已装配的工件，然后从装配单元向加工站运送工件，到达加工站的加工台正前方，把工件放到加工台上。

接收到"加工完成"信号后，机械手装置抓取已压紧工件。动作完成后，机械手臂逆时针旋转 90°，然后从加工站向分拣站运送工件，在传送带进料口上方把工件放下。

机械手装置完成放下工件的操作并缩回到位后，手臂顺时针旋转 90°，然后以不小于 400mm/s 的速度，高速返回原点。到达原点后向系统发出完成信号。

④ 分拣站接收到系统发来的启动信号时，即进入运行状态。当输送站机械手装置放下工件、缩回到位后，分拣站的变频器即启动，以 24Hz 的输出频率驱动传动电动机，把工件带入分拣区进行分拣。满足规格要求的成品工件的分拣原则与单站相同，不满足规格要求的工件处理见下面异常工作状态处理的阐述。

3）仅当分拣站完成一次分拣操作，并且输送站机械手装置回到原点，系统的一个工作周期才认为结束。如果没有停止指令，系统在暂停 1s 后，开始下一工作周期。

如果在运行过程中触摸人机界面上的停止按钮，则发出停止指令，系统在完成本工作周期后停止，警示灯中黄色灯熄灭，绿色灯仍保持常亮。系统工作结束后若再按下启动按钮，则系统又重新开始工作。

3. 异常工作状态

（1）工件供给状态的信号警示　如果发生来自供料-装配站的"工件不足"的预报警信号或"工件没有"的报警信号，则系统动作如下：

① 如果发生"工件不足"的预报警信号，警示灯中红色灯以 1Hz 的频率闪烁，绿色和黄色灯保持常亮。系统继续工作。

② 如果发生"工件没有"的报警信号，警示灯中红色灯以亮 1s、灭 0.5s 的方式闪烁；黄色灯熄灭，绿色灯保持常亮。

若"工件没有"的报警信号来自供料单元，且供料单元物料台上已推出工件，则系统继续运行，直至完成该工作周期尚未完成的工作。当该工作周期工作结束后，系统将停止工作，除非"工件没有"的报警信号消失，系统不能再启动。

若"工件没有"的报警信号来自装配单元，且装配单元回转台上已落下小圆柱零件，系统继续运行，直至完成该工作周期尚未完成的工作。当该工作周期工作结束后，系统将停止工作，除非"工件没有"的报警信号消失，系统不能再启动。

（2）不满足规格要求的工件处理　不满足规格要求的工件在分拣站被检出后由传送带送到末端适当位置停车。此时分拣单元的指示灯 HL3 以 1Hz 的频率闪烁，提示工作人员人工推出所装配的零件。零件推出后，工作人员重新把工件放到传送带上，按下 SB2 按钮，HL3 熄灭，驱动电动机以 36Hz 频率反转，把工件回送到进料口，到达后，再按一次 SB2 按钮，传送带停止。然后由输送站机械手取回工件送往装配站重新装配。

输送站机械手装置在高速返回途中收到不满足规格要求的信息后，立即停止。然后重新前往分拣站取回工件送往装配站重新装配。

若在停止指令发出后，分拣站检出不满足规格要求的工件，则取消对该工件进行人工处理的操作。该工件由传送带送到末端适当位置停车，然后分拣站向系统发出分拣完成的信号。

三、注意事项

1）学生应在试卷指定页内完成输送单元的电气控制电路设计图、分拣单元变频器主电路和控制电路设计图。

2）学生提交最终的 PLC 程序，存放在"D：\ 自动生产线 \ XX"文件夹下（XX：学号）。学生的试卷用学号标识。

3）训练中如出现下列情况时另行扣分：

调试过程中由于撞击造成抓取机械手不能正常工作扣 15 分。

学生认定器件有故障可提出更换，经教师测定器件完好时每次扣 3 分，器件确实损坏每更换一次补时 3min。

附录 C　CDIO 课程项目报告书

哈尔滨职业技术学院

自动化生产线安装与调试

CDIO 课程项目报告书

题　目：_____

专　业：_____

班级及组号：_____

组长姓名（学号）：_____

组员姓名（学号）：_____

_____

指导老师：_____

设计时间：_____年 月 日 ~ _____年 月 日

1. 项目目的要求

2. 项目计划

3. 项目内容

4. 心得体会

5. 主要参考文献

参 考 文 献

[1] 吕景泉. 自动化生产线安装与调试［M］. 北京：中国铁道出版社，2009.
[2] 冯宁，吴灏. 可编程控制器技术应用［M］. 北京：人民邮电出版社，2009.
[3] 潘玉山. 液压与气动技术［M］. 北京：机械工业出版社，2011.
[4] 马廉洁. 液压与气动技术［M］. 北京：机械工业出版社，2009.
[5] 阮友德. 电气控制与PLC［M］. 北京：人民邮电出版社，2009.
[6] 鲍风雨. 典型自动化设备及生产线应用与维护［M］. 北京：机械工业出版社，2012.
[7] 邹建华. 液压与气动技术［M］. 武汉：华中科技大学出版社，2012.
[8] 胡向东. 传感器与检测技术［M］. 北京：机械工业出版社，2009.
[9] 陈江进，杨辉. 传感器与检测技术［M］. 北京：国防工业出版社，2012.
[10] 韩志国. PLC应用技术（西门子系列）［M］. 北京：中国铁道出版社，2012.
[11] 张文明. 嵌入式组态控制技术［M］. 北京：中国铁道出版社，2011.